RHR
RIVER HAPPINESS REPORT

世界河流幸福指数报告 2021

中国水利水电科学研究院　著

·北京·

图书在版编目（CIP）数据

世界河流幸福指数报告. 2021 / 中国水利水电科学研究院著. -- 北京 : 中国水利水电出版社, 2023.6
ISBN 978-7-5226-1618-6

Ⅰ. ①世… Ⅱ. ①中… Ⅲ. ①河流－生态环境建设－研究报告－世界－2021 Ⅳ. ①X321.2

中国国家版本馆CIP数据核字(2023)第126903号

书　　名	**世界河流幸福指数报告 2021** SHIJIE HELIU XINGFU ZHISHU BAOGAO 2021
作　　者	中国水利水电科学研究院　著
出版发行	中国水利水电出版社 （北京市海淀区玉渊潭南路1号D座　100038） 网址：www. waterpub. com. cn E-mail：sales@ mwr. gov. cn 电话：（010）68545888（营销中心）
经　　售	北京科水图书销售有限公司 电话：（010）68545874、63202643 全国各地新华书店和相关出版物销售网点
排　　版	中国水利水电出版社微机排版中心
印　　刷	天津嘉恒印务有限公司
规　　格	210mm×285mm　16开本　6印张　104千字
版　　次	2023年6月第1版　2023年6月第1次印刷
印　　数	0001—3500册
定　　价	**98.00**元

编委会名单

前言

河流是全球水循环的重要通路，是水生态系统能流、物流和信息流传递的重要纽带。河流也是人类文明的摇篮，是四大文明古国的发源地，对社会经济的发展具有重要影响。采用夜间灯光指数来评价流域社会经济发展状况，高灯光指数区几乎全部集中于河流沿线和流域中下游、河口、湾区，如全球经济最具活力的旧金山大湾区、纽约大湾区、粤港澳大湾区、东京大湾区都位于河流的入海河口区。

河流为人类社会发展提供了各种各样的产品和服务，包括淡水资源、水产品、水力发电、航运、休闲娱乐、调节气候等。由河湖湿地组成的淡水生态系统是地球生物多样性最丰富的地区之一，但人类社会的发展也对河流造成了不同程度的影响，2021 年由世界自然基金会（WWF）等 16 个组织联合发布的全球鱼类多样性报告 *The World's Forgotten Fishes* 指出，淡水洄游鱼类的数量下降了 76%，大型淡水鱼类的数量下降了 94%。如何实现人类社会与河流生态系统健康、平等地融合发展，是科学研究和河流保护共同面临的重要课题。

联合国2030年可持续发展议程强调了水在可持续发展中对经济、社会和环境的支撑作用，也强调了健康的水生态系统对可持续发展的重要作用。为此，充分认识、衡量和评价河流的生态环境价值，水利基础设施的价值，供水、卫生设施和个人卫生服务的价值，粮食和农业用水的价值，供水对支撑能源、工业与商业的价值以及水的文化价值，并将其纳入国家决策，对于实现可持续的水资源管理和联合国2030年可持续发展议程中确定的可持续发展目标至关重要。中国水利水电科学研究院在幸福河概念的基础上，充分借鉴国际上河流保护的先进经验，构建了融合水安全、水资源、水环境、水生态和水文化五个准则层的河流幸福指数评价指标，筛选了全球具有代表性的15条河流进行评价，以更加全面的视角科学评价河流面临的问题，以更加宏观的视野认识河流和社会发展的关系。

世界河流幸福指数测算在全球范围尚属首次，是一项探索性工作，加之课题组理论经验水平及基础数据等因素的局限，本报告不当之处在所难免，恳请读者批评指正，以不断改进完善。期待通过共同努力，推动世界河流朝着幸福河流的目标迈进。

编委会

2022年11月

目录

第一部分

河流幸福指数及其评价方法

第一章 内涵与要义

河流是地球的血脉、人类文明的摇篮，是流域区域发展的核心。保护河流生态系统、减少污染、人人都应获得安全的饮用水等，被纳入联合国2030年可持续发展议程。

幸福河就是造福人民的河流，既要力求维持河流自身健康，又要追求更好造福人民，具体体现为以下几方面的要求：维护河流健康是幸福河的前提基础，为人民提供更多优质生态产品是幸福河的重要功能，支撑经济社会高质量发展是幸福河的本质要求，人水和谐是幸福河的综合表征，能否让人民具有安全感、获得感与满意度是幸福河的衡量标尺。因此，幸福河的定义如下：

幸福河是指能够维持河流自身健康，支撑流域和区域经济社会可持续发展，体现人水和谐，让流域内人民具有高度安全感、获得感与满意度的河流。幸福河就是永宁水安澜、优质水资源、宜居水环境、健康水生态、先进水文化相统一的河流，是安澜之河、富民之河、宜居之河、生态之河、文化之河的集合与统称[1]。

[1] 中国水利水电科学研究院幸福河研究课题组.幸福河内涵要义及指标体系探析[J].中国水利, 2020（23）:1-4.

永宁水安澜

洪水是人类长期面临的最大自然威胁，历史上洪水泛滥成灾、破坏性巨大，给沿岸人民群众生命财产带来深重灾难，影响社会稳定和经济社会发展，改变国家文明和社会发展进程。防治水灾害，保障人民群众生命财产安全，实现**“江河安澜、人民安宁”**，持续提高沿河沿岸人民群众的安全感，为高质量发展保驾护航，这是幸福河的基本保障。

优质水资源

水是生命之源、生存之本、发展之要。提供优质水资源，实现**“供水可靠、生活富裕”**，让人民喝上干净卫生的放心水，让二、三产业用上合格稳定的满意水，让农业灌溉用上适时适量的可靠水，为人民提供更多优质的水利公共服务，持续支撑经济社会高质量发展，这是幸福河的基础功能。

宜居水环境

水环境质量是影响人居环境与生活品质的重要因素。建设宜居水环境，既要保护与改善自然河流湖泊的水环境质量，也要全面提升与人民日常生活休戚相关的城乡水体环境质量，实现**“水清岸绿、宜居宜赏”**，让人民群众生活得更方便、更舒心、更美好，这是幸福河的良好形象。

健康水生态

维护良好的水生态既是人类社会永续发展的必要和重要基础，也是最普惠的民生福祉。维护与修复健康水生态，实现**“鱼翔浅底、万物共生”**，维护河流生态系统的健康，提升河流生态系统质量与稳定性，实现人与自然和谐，这是幸福河的最佳状态。

先进水文化

文化是民族的血脉，是人民的精神家园，是幸福生活的源泉。在长期的治水实践中，世界各民族不仅创造了巨大的物质财富，也创造了宝贵的精神财富，形成了独特而丰富的水文化，成为国家文化和民族精神的重要组成部分。推进先进水文化建设，尊重河流、保护河流，调整人的行为，纠正人的错误行为，实现行为自律成为全人类行动的新准则，传承好历史水文化并丰富现代水文化内涵，实现**“大河文明、精神家园”**，更好地满足人民日益提高的文化生活需要，这是幸福河的最高境界。

第二章
指标与标准

河流幸福指数（River Happiness Index，RHI）是指综合反映河流保持自身良好状态、满足人类需求或提供服务的能力与水平的指数，从水安全、水资源、水环境、水生态、水文化5个维度进行评价，形成水安澜保障度、水资源支撑度、水环境宜居度、水生态健康度和水文化繁荣度5个一级指标18个二级指标及相应的三级指标体系（见表2-1）。

表 2-1　河流幸福指数指标体系

一级指标	二级指标	三级指标
水安澜保障度	1. 洪涝灾害人员死亡率	
	2. 洪涝灾害经济影响率	
	3. 洪涝灾害防御适应能力	
水资源支撑度	4. 人均水资源占有量	
	5. 用水保障率	实际灌溉面积比例
	6. 水资源支撑高质量发展能力	水资源开发利用率
		单位用水量国内生产总值产出
	7. 居民生活幸福指数	人均国内生产总值
		基尼（GINI）系数
		平均预期寿命
水环境宜居度	8. 河流优良水质比例	
	9. 安全饮用水源的人口比例	
	10. 城市污水处理率	
	11. 滨水指数	
水生态健康度	12. 生态水文过程变异指数	
	13. 河流纵向连通性指数	
	14. 鱼类濒危程度指数	
	15. 输沙模数	
水文化繁荣度	16. 历史水文化保护传承指数	
	17. 现代水文化创造创新指数	
	18. 公众水治理认知参与度	

河流幸福指数计算公式：

$$\mathrm{RHI}=\sum_{i=1}^{5}F_i w_i^f \tag{2-1}$$

$$F_i=\sum_{j=1}^{J}S_{i,j}w_{i,j}^s \tag{2-2}$$

$$S_{i,j}=\sum_{k=1}^{K}T_{i,j,k}w_{i,j,k}^t \tag{2-3}$$

式中：RHI为河流幸福指数；F_i为第i个一级指标得分，i是一级指标下标，从1到5，分别表示水安澜保障度、水资源支撑度、水环境宜居度、水生态健康度、水文化繁荣度；w_i^f为第i个一级指标权重；$S_{i,j}$为第i个一级指标中第j个二级指标得分，j是二级指标下标，从1到J；$w_{i,j}^s$为第i个一级指标中第j个二级指标权重；$T_{i,j,k}$为第i个一级指标中第j个二级指标的第k个三级指标得分，k是三级指标下标，从1到K；$w_{i,j,k}^t$为第i个一级指标中第j个二级指标的第k个三级指标权重。

河流幸福指数评价实行百分制。河流幸福指数RHI得分达到85分以上，即为“幸福河”（见表2–2），各级评价指标达到85分以上，即达到良好等级（见表2–3）。各指标内涵、评价方法及评价标准见附录。

表 2–2　河流幸福指数 (RHI) 分级标准表

RHI	等　级		
RHI ≥ 95 分	很幸福		
85 分≤ RHI < 95 分	幸福		
60 分≤ RHI < 85 分	一般	80 分≤ RHI < 85 分	一般偏上
		70 分≤ RHI < 80 分	一般
		60 分≤ RHI < 70 分	一般偏下
RHI < 60 分	不幸福		

表 2–3　河流幸福指数指标分级标准表

指标赋分值 V^*	等　级		
V ≥ 95 分	优秀		
85 分≤ V < 95 分	良好		
60 分≤ V < 85 分	中等	80 分≤ V < 85 分	中等偏上
		70 分≤ V < 80 分	中等
		60 分≤ V < 70 分	中等偏下
V < 60 分	差	30 分≤ V < 60 分	较差
		V<30 分	很差

* V表示F_i、$S_{i,j}$或$T_{i,j,k}$。

第二部分

世界河流幸福状况评价

第三章 评价范围

根据河流自然及历史特点与区位重要性，在兼顾数据可获取的条件下，本次评价选择了世界范围内的15条河流，分别为亚马孙河（Amazon River）、科罗拉多河（Colorado River）、刚果河（Congo River）、多瑙河（Danube River）、幼发拉底–底格里斯河（Euphrates–Tigris River，简称“幼发拉底河”[1]）、恒河（Ganges River）、密西西比河（Mississippi River）、墨累–达令河（Murray–Darling River）、尼罗河（Nile River）、莱茵河（Rhine River）、圣劳伦斯河（Saint Lawrence River）、泰晤士河（Thames River）、伏尔加河（Volga River）、长江（Yangtze River）和黄河（Yellow River）。

从空间分布来看，本次评价的河流囊括了各大洲具有重要代表性的河流，其中亚洲4条、欧洲4条、北美洲3条、南美洲1条、非洲2条和大洋洲1条。

本次评价的河流多数为国际河流。流经国家数量最多的河流分别为刚果河、多瑙河和尼罗河，均流经10个或10个以上国家，其次为莱茵河和亚马孙河，分别流经9个国家和8个国家。仅流经1个国家的河流分别为墨累–达令河、伏尔加河、泰晤士河、长江和黄河（见图3–1）。

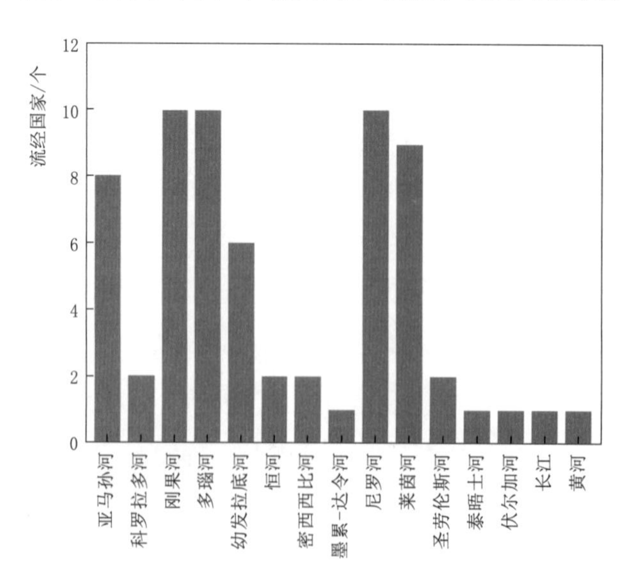

图3–1 世界河流幸福指数评价河流流经的国家数量

[1] 本报告中将幼发拉底–底格里斯河简称为幼发拉底河，河流长度仅统计长度较长的幼发拉底河河长，流域面积、人口等信息均统计两个流域。

评价河流的总长度超过60000km，其中包括了世界上河流长度最长的尼罗河（6670km），长度第二的亚马孙河（6448km）、长度第三的长江（6397km）等大型河流（见图3-2）。

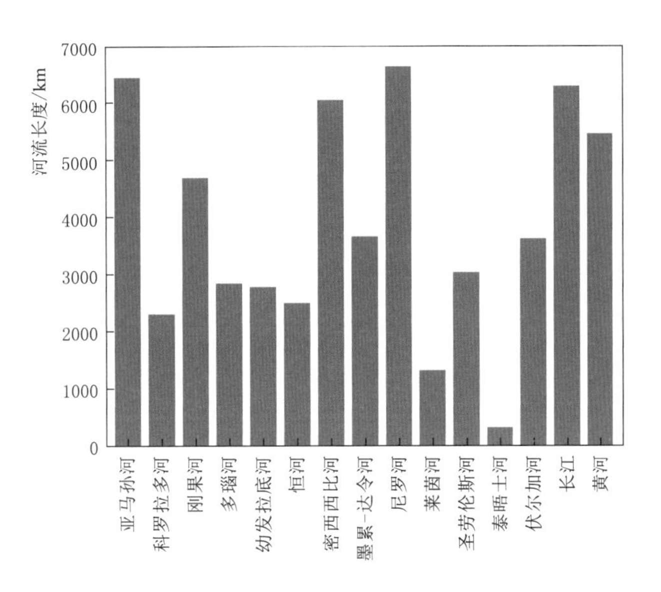

图3-2　世界河流幸福指数评价河流长度

本次评价河流包括了尼罗河、幼发拉底河、恒河、黄河等世界四大文明发源地河流。评价河流的流域总面积达到了2690万km²，约占全球陆地总面积的18%（见图3-3），其中包括全球河流流域面积最大的亚马孙河流域（596.8万km²），河流流域面积第二的刚果河流域（370万km²）和流域面积第三的密西西比河流域（322万km²）等。

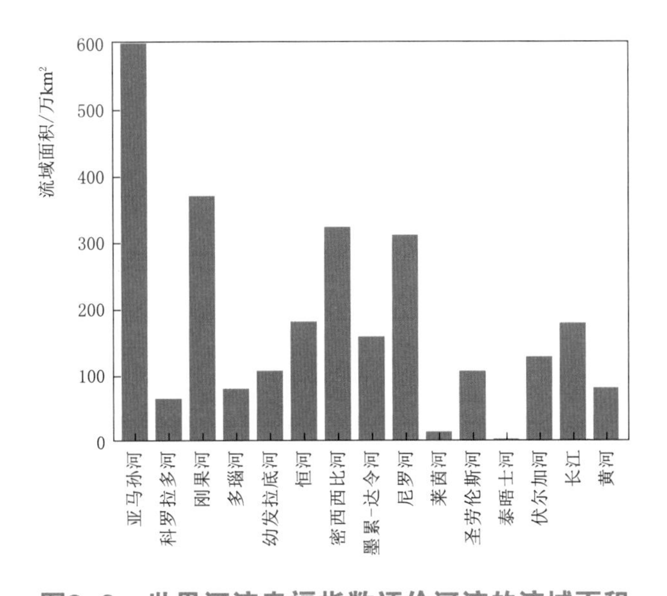

图3-3　世界河流幸福指数评价河流的流域面积

第四章

评价结果

亚马孙河 71.5分

科罗拉多河 81.8 分

刚果河 70.1 分

多瑙河 79.7 分

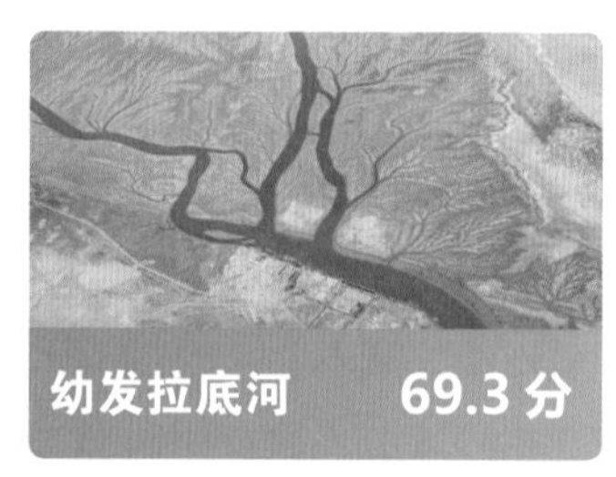
幼发拉底河 69.3 分

恒河 65.6 分

密西西比河 80.1 分

墨累–达令河 75.6 分

尼罗河 62.1 分

莱茵河 86.6 分

圣劳伦斯河 84.6 分

泰晤士河 81.9 分

伏尔加河 79.0 分

长江 80.8 分

黄河 78.8 分

01 亚马孙河

流域概况

亚马孙河，为世界第二长河，是世界上流量最大、流域面积最广的河流。亚马孙河全长6448km，流域面积596.8万km^2，多年平均年径流量为69300亿m^3。亚马孙河位于南美洲北部，源起秘鲁的安第斯山脉中段，自西向东流，沿途汇入河流众多，形成庞大的亚马孙河水网体系，流经秘鲁、厄瓜多尔、哥伦比亚、委内瑞拉、圭亚那、苏里南、玻利维亚和巴西等国家，最终在巴西的马拉若岛附近流入大西洋。

亚马孙河流域生物资源极为丰富。有植物上万种，盛产优质木材，被誉为“地球之肺”。亚马孙河水中生活着凯门鳄、淡水龟，以及水栖哺乳类动物如海牛、淡水海豚等，陆地生活着美洲虎、细腰猫、西（貑）、貘、水豚、犰狳等。流域中有鱼近3000种、鸟1600多种。

幸福指数

71.5分

亚马孙河幸福指数

亚马孙河幸福指数为71.5分，幸福状况处于一般等级，河流幸福指数一级指标评价结果如图4-1所示。

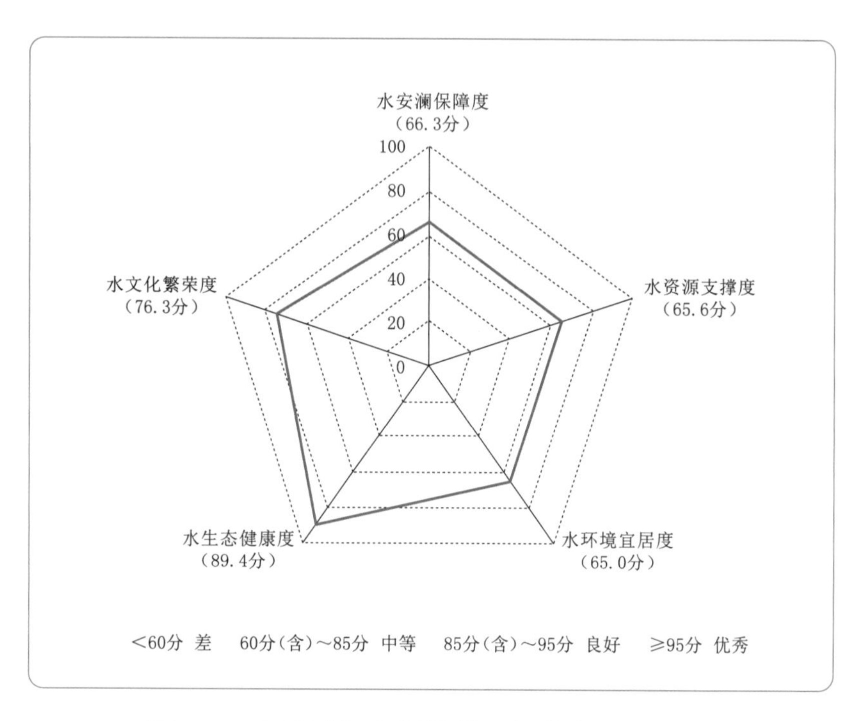

图4-1　亚马孙河幸福指数一级指标评价结果

水安澜保障度　66.3分

水安澜保障度。亚马孙河水安澜保障度得分为66.3分，属于中等偏下等级。其中，洪涝灾害人员死亡率和洪涝灾害经济影响率得分均为60.0分，为中等偏下等级；洪涝灾害防御适应能力得分为75.8分，处于中等水平（见图4-2）。

水资源支撑度　65.6分

水资源支撑度。亚马孙河水资源支撑度得分为65.6分，属于中等偏下等级。其中，人均水资源占有量208014m³，得分为100.0分，达到优秀等级；用水保障率得分为60.1分，为中等偏下等级；水资源支撑高质量发展能力和居民生活幸福指数得分介于50~60分之间，均处于较差等级（见图4-2）。

水环境宜居度　65.0分

水环境宜居度。亚马孙河水环境宜居度得分为65.0分，属于中等偏下等级。其中，河流优良水质比例和安全饮用水源的人口比例得分分别为71.0分和74.8分，均处于中等水平；城市污水处理率得分为41.5分，处于较差等级；滨水指数得分为64.9分，处于中等偏下等级（见图4–2）。

水生态健康度　89.4 分

水生态健康度。亚马孙河水生态健康度得分为89.4分，达到良好等级。其中，生态水文过程变异指数和输沙模数得分分别为81.5分和83.4分，属于中等偏上等级；河流纵向连通性指数和鱼类濒危程度指数得分均超过95分，达到优秀等级（见图4–2）。

水文化繁荣度　76.3 分

水文化繁荣度。亚马孙河水文化繁荣度得分为76.3分，处于中等水平。其中，历史水文化保护传承指数得分为91.9分，达到良好等级；现代水文化创造创新指数和公众水治理认知参与度得分分别为66.1分和65.8分，处于中等偏下等级（见图4–2）。

亚马孙河幸福指数评价结果反映以下几方面的主要问题：一是洪涝灾害对流域的经济社会安全影响较大；二是虽然水资源极为丰富，但支撑沿线国家和地区高质量发展的能力尚显不足；三是流域宜居度一般，优质水质比例、滨水指数和污水处理率都偏低；四是虽然水文化历史传承良好，但是在现代水文化创造创新方面仍有较大空间，沿河区域精神生活尚待进一步丰富。

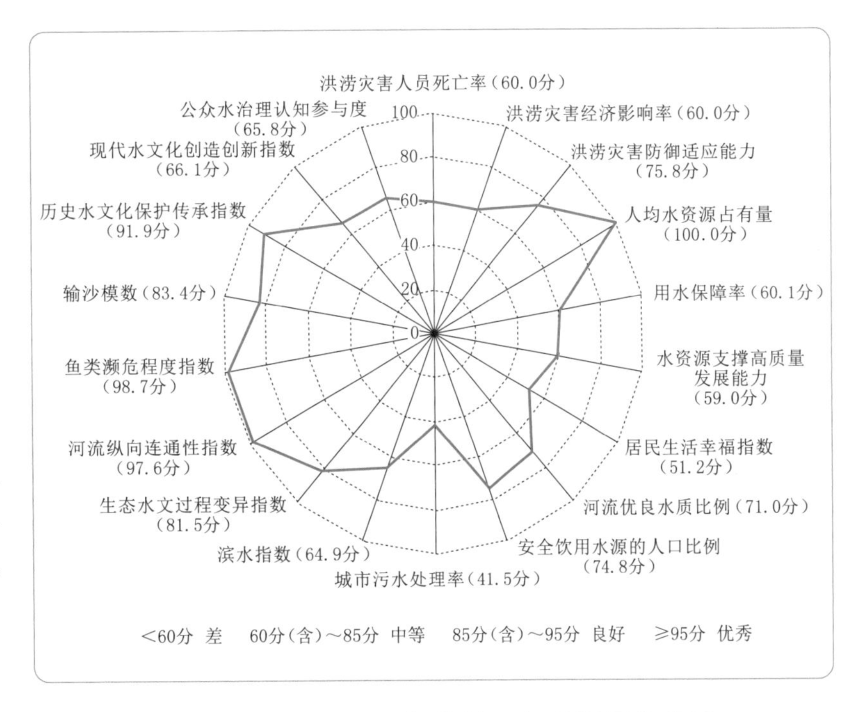

图4–2　亚马孙河幸福指数二级指标评价结果

02 科罗拉多河

流域概况

科罗拉多河，全长2330km，流域面积65.3万km^2，多年平均年径流量为186亿m^3。科罗拉多河发源于美国西部科罗拉多州中北部落基山脉，由大面积厚雪融化提供水源，向西南流，大部分流入了加利福尼亚湾，另一部分则往南流向墨西哥进入索尔顿海。

科罗拉多河是美国西部的生命之河，对美国西南部和墨西哥西北部干旱地区经济发展具有重要意义，素有“美洲尼罗河”之称。河流比降很大，从河源到河口总落差3500多米，水能资源丰富。但过度的水资源利用已经使曾经生机勃勃的河口自1993年以后就没有再看到河水，因此也成为世界上较早应用立法开发和管理水资源的河流流域。

幸福指数

81.8分

科罗拉多河幸福指数

科罗拉多河幸福指数得分为81.8分，幸福状况处于一般偏上等级，河流幸福指数一级指标评价结果如图4-3所示。

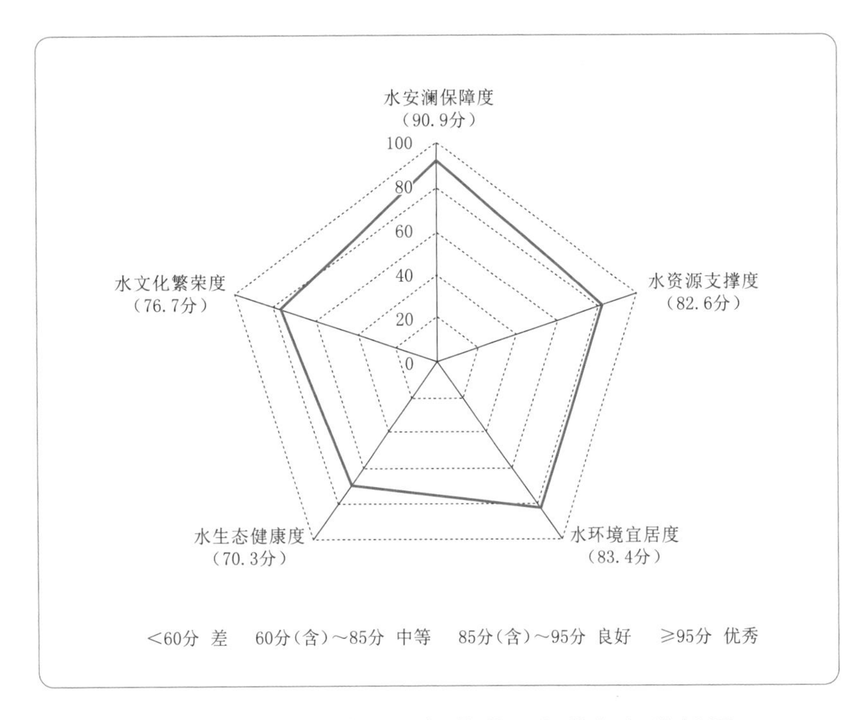

图4-3 科罗拉多河幸福指数一级指标评价结果

水安澜保障度 **90.9分**

水安澜保障度。科罗拉多河水安澜保障度得分为90.9分，达到良好等级。其中，洪涝灾害人员死亡率和洪涝灾害经济影响率得分均为90.0分，达到良好等级；洪涝灾害防御适应能力得分为92.3分，达到良好等级（见图4-4）。

水资源支撑度 **82.6分**

水资源支撑度。科罗拉多河水资源支撑度得分为82.6分，属于中等偏上等级。其中，人均水资源占有量6981m^3，得分为92.7分，达到良好等级；用水保障率和水资源支撑高质量发展能力得分分别为80.2分和80.6分，均处于中等偏上等级；居民生活幸福指数得分为79.6分，处于中等水平（见图4-4）。

水环境宜居度 **83.4分**

水环境宜居度。科罗拉多河水环境宜居度得分为83.4分，属于中等偏上等级。其中，河流优良水质比例得分为78.8分，处于中等水平；安全饮用水源的人口比例得分为96.3分，达到优秀等级；城市污水处理率得分为92.2分，达到良好等级；滨水指数得分为62.1分，处于中等偏下等级（见图4–4）。

水生态健康度　70.3 分

水生态健康度。科罗拉多河水生态健康度得分为70.3分，处于中等水平。其中，生态水文过程变异指数得分为37.4分，处于较差等级；河流纵向连通性指数和鱼类濒危程度指数得分介于70~80分之间，处于中等水平；输沙模数得分为100.0分，达到优秀等级（见图4–4）。

水文化繁荣度　76.7 分

水文化繁荣度。科罗拉多河水文化繁荣度得分为76.7分，处于中等水平。其中，历史水文化保护传承指数得分为66.0分，属于中等偏下等级，现代水文化创造创新指数得分为82.3分，处于中等偏上等级；公众水治理认知参与度得分超过85分，达到良好等级（见图4–4）。

科罗拉多河幸福指数评价结果反映以下几方面的主要问题：一是虽然水资源较为丰富，但用水保障率和水资源支撑沿线国家和地区高质量发展能力尚需提高；二是流域宜居度中等，尤其是河流优良水质比例和滨水指数偏低；三是流域水生态健康度偏低，生态水文过程变异指数和河流纵向连通程度问题突出；四是水文化繁荣度不高，尤其在水文化历史保护传承方面亟须加强。

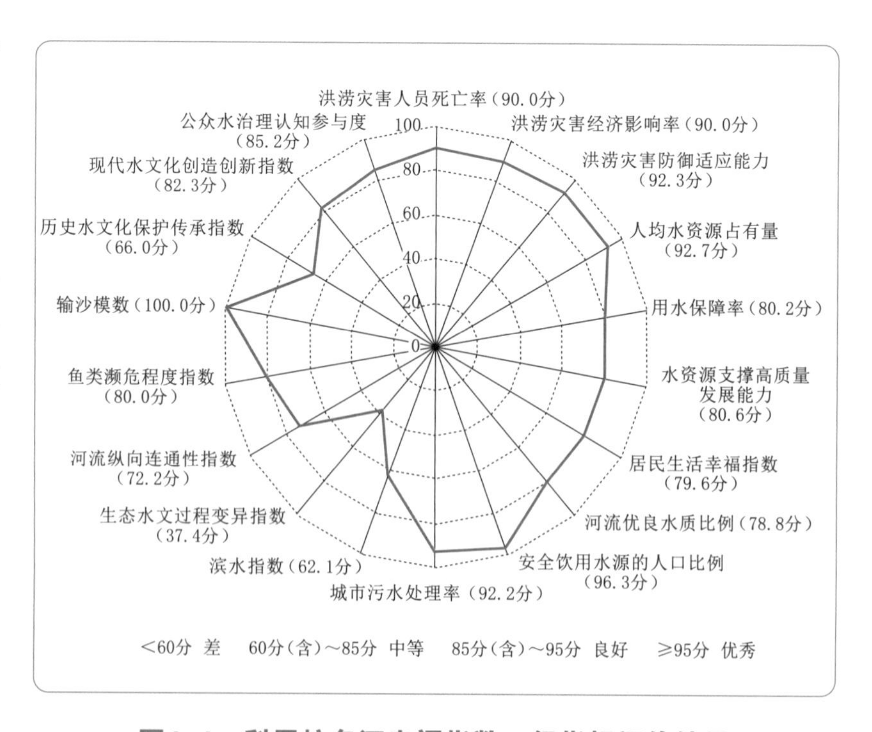

图4–4　科罗拉多河幸福指数二级指标评价结果

03 刚果河

流域概况

刚果河，是世界上最深的河流，发源于赞比亚北部高原，地处非洲赤道地区著名的刚果盆地，呈典型的盆状，北起撒哈拉沙漠，南、西至大西洋，东面以东非各湖区为界，河长约4700km，流域面积约370万km^2，河面宽数千米，水深100~200m，多年平均年径流量为13026亿m^3，年入大西洋水量为1.3万亿m^3。刚果河的干支流延伸到赞比亚、坦桑尼亚、安哥拉、中非、喀麦隆、刚果（金）、刚果（布）等国家，最后注入大西洋。刚果河支流众多，河网稠密，干流绕行于刚果盆地边缘地带，形成一个向北突出的大弧形，并两次穿越赤道，大小支流也都位于赤道多雨区。

刚果河干支流多险滩、瀑布，水力资源丰富，水能理论蕴藏量达390GW，居世界大河的首位。可开发的水能资源装机容量约156GW。流域密集的多级支流形成了非洲可航行水道的最大网络，是非洲最重要的航行体系。干支流通航里程约2万km。刚果河流域拥有仅次于南美洲亚马孙雨林的世界第二大热带雨林，流域生物资源丰富，已知的鱼类品种接近700种，其中80%的鱼种是世界上独一无二的。

幸福指数

70.1分

刚果河幸福指数

刚果河幸福指数得分为70.1分，幸福状况处于一般等级，河流幸福指数一级指标评价结果如图4-5所示。

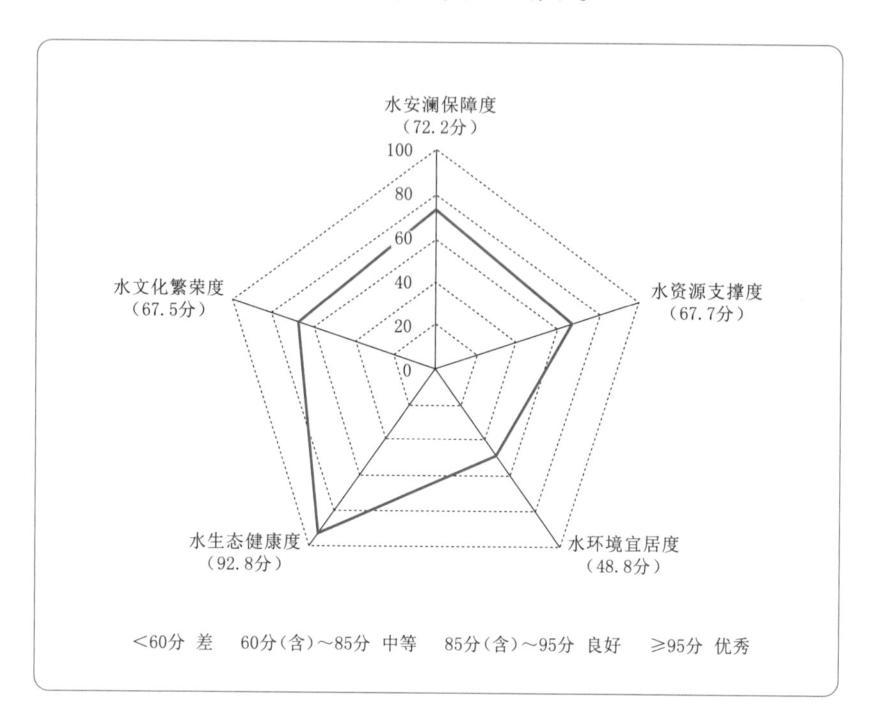

图4-5　刚果河幸福指数一级指标评价结果

水安澜保障度　**72.2 分**

水安澜保障度。刚果河流域水安澜保障度得分为72.2分，属于中等水平。其中，洪涝灾害人员死亡率得分为75.0分，处于中等水平；洪涝灾害经济影响率得分为80.0分，达到中等偏上等级；洪涝灾害防御适应能力得分为64.3分，处于中等偏下等级（见图4-6）。

水资源支撑度　**67.7 分**

水资源支撑度。刚果河水资源支撑度得分为67.7分，属于中等偏下等级。其中，人均水资源占有量得分为100.0分，达到优秀等级；用水保障率得分为60.1分，处于中等偏下等级；水资源支撑高质量发展能力得分为78.7分，处于中等水平；居民生活幸福指数得分为39.8分，处于较差等级（见图4-6）。

水环境宜居度　**48.8 分**

水环境宜居度。刚果河流域水环境宜居度得分为48.8分，处于较差等级。其中，河流优良水质比例得分为63.7分，处于中等偏下等级；安全饮用水源的人口比例得分为41.4分，处于较差等级；城市污水处理率得分为1.5分，处于很差等级；滨水指数得分为85.0分，达到良好等级（见图4–6）。

水生态健康度　92.8 分

水生态健康度。刚果河流域水生态健康度得分为92.8分，达到良好等级。其中，生态水文过程变异指数得分为90.3分，处于良好等级；河流纵向连通性指数得分为99.6分，达到优秀等级；鱼类濒危程度指数得分为94.7分，处于良好等级；输沙模数得分为87.4分，处于良好等级（见图4–6）。

水文化繁荣度　67.5 分

水文化繁荣度。刚果河水文化繁荣度得分为67.5分，处于中等偏下等级。其中，历史水文化保护传承指数得分为73.4分，属于中等水平；现代水文化创造创新指数和公众水治理认知参与度得分分别为61.4分和65.7分，均处于中等偏下等级（见图4–6）。

刚果河幸福指数评价结果反映以下几方面的主要问题：一是城市污水处理率和安全饮用水源的人口比例偏低，是宜居水环境需要重点关注的问题；二是洪涝灾害防御适应能力偏低，是刚果河水安澜保障的短板，亟须进一步提高；三是人均国内生产总值偏低，居民生活幸福指数偏低，是刚果河水资源支撑度需要重点关注的问题；四是现代水文化创造创新不足，仍有较大空间，水经济水文化带动社会经济发展和人民生活质量的作用有待进一步增强。

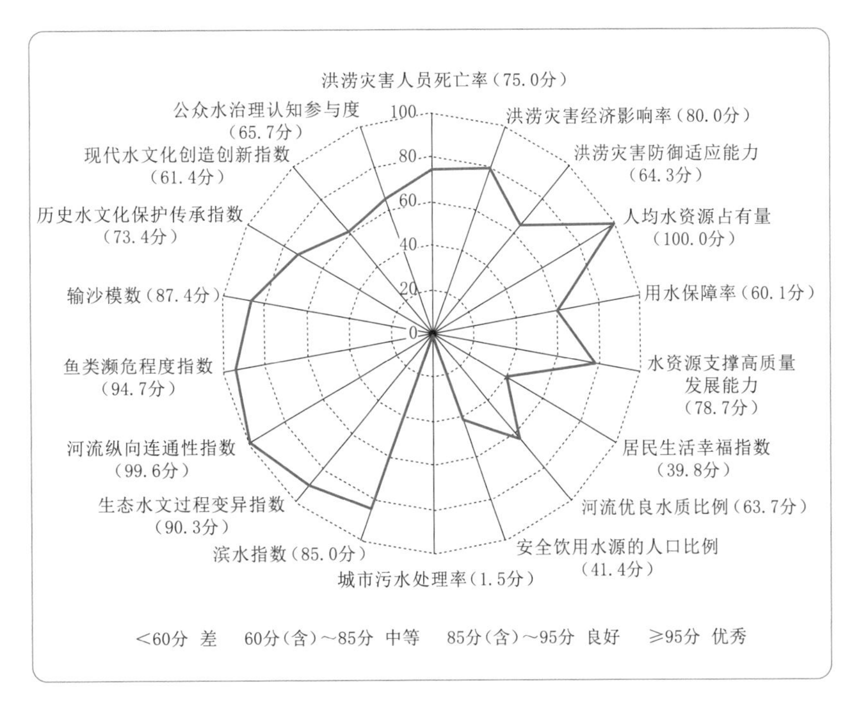

图4–6　刚果河幸福指数二级指标评价结果

04 多瑙河

流域概况

多瑙河，全长2857km，流域面积81.7万km^2，为欧洲第二长河，河口多年平均流量6430m^3/s，多年平均年径流量为2030亿m^3。多瑙河发源于德国西南部，河网密布支流众多，自西向东流经奥地利、斯洛伐克、匈牙利、克罗地亚、塞尔维亚、保加利亚、罗马尼亚、摩尔多瓦、乌克兰等国家，是世界上干流流经国家最多的河流之一，最后在罗马尼亚东部注入黑海。

多瑙河流域养育着欧洲8300万人口，并为2000万人提供饮用水；多瑙河也是极具航运价值的国际河流，通过运河与莱茵河水系连接起来，组成了欧洲中部的水上交通运输网；多瑙河水能资源蕴藏丰富，其理论蕴藏量高达500亿kWh；干流上建有多座水电站。历史上多瑙河曾是世界上10种稀有鱼类独一无二的栖息地，有珍贵鱼类103种，有淡水软体动物88种。20世纪七八十年代修建内陆航运工程、过度开采自然资源、修坝、筑堤一度极大破坏了多瑙河生态环境，沼泽湿地萎缩，大量洪泛平原和蓄洪区消失，水质污染严重，水生态极度退化。近年来多国联合多瑙河生态环境治理成效斐然，水质得到大幅度改善，水生生物种类也比20世纪80年代水平增长了一倍。

幸福指数

79.7分

多瑙河幸福指数

多瑙河流域幸福指数得分为79.7分，幸福状况处于一般等级，河流幸福指数一级指标评价结果如图4-7所示。

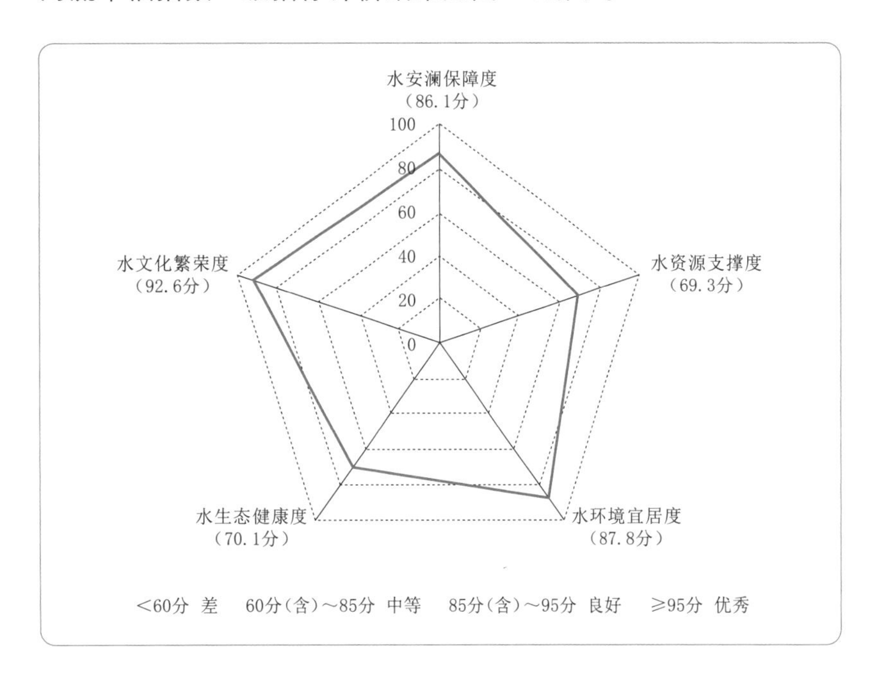

图4-7　多瑙河幸福指数一级指标评价结果

水安澜保障度 86.1分

水安澜保障度。多瑙河水安澜保障度得分为86.1分，达到良好等级。其中，洪涝灾害人员死亡率为0.49人/百万人，得分为90.0分，达到良好等级；洪涝灾害经济影响率为0.37%，得分为85.0分，达到良好等级；洪涝灾害防御适应能力得分为84.1分，处于中等偏上等级（见图4-8）。

水资源支撑度 69.3分

水资源支撑度。多瑙河水资源支撑度得分为69.3分，处于中等偏下等级。其中，人均水资源占有量2933.3m³，得分为83.0分，处于中等偏上等级；用水保障率得分为18.7分，处于很差等级；水资源支撑高质量发展能力得分为100.0分，达到优秀等级；居民生活幸福指数得分为88.2分，达到良好等级（见图4-8）。

水环境宜居度 87.8分

水环境宜居度。多瑙河水环境宜居度得分为87.8分，达到良好等级。其中，河流优良水质比例得分为98.0分，达到优秀等级；安全饮用水源的人口比例为68.2%，得分为88.2分，达到良好等级；城市污水处理率为50%，得分为84.5分，处于中等偏上等级；滨水指数得分为75.1分，处于中等水平（见图4-8）。

水生态健康度　70.1 分

水生态健康度。多瑙河水生态健康度得分为70.1分，处于中等水平。其中，生态水文过程变异指数得分为55.6分，处于较差等级；河流纵向连通性指数得分为72.6分，处于中等水平；鱼类濒危程度指数得分为81.3分，处于中等偏上等级；输沙模数为18.8 t/（km^2·a），得分为75.8分，属于中等水平（见图4-8）。

水文化繁荣度　92.6 分

水文化繁荣度。多瑙河水文化繁荣度得分为92.6分，达到良好等级。其中，历史水文化保护传承指数得分为97.6分，达到优秀等级；现代水文化创造创新指数和公众水治理认知参与度得分分别为88.4分和90.3分，均达到良好等级（见图4-8）。

多瑙河幸福指数评价结果反映以下几方面的主要问题：一是洪涝灾害防御适应能力偏低，影响多瑙河水安澜保障；二是人均水资源占有量偏少、用水保障率偏低，是持续提供优质水资源保障需要关注的问题；三是城市污水处理率和滨水指数偏低，是提升水环境宜居度需要重点解决的问题；四是生态水文过程变异程度高、河流纵向连通性指数偏低、鱼类濒危程度指数偏高、输沙模数偏差偏大，是制约多瑙河区水生态系统质量与稳定性的重大问题。

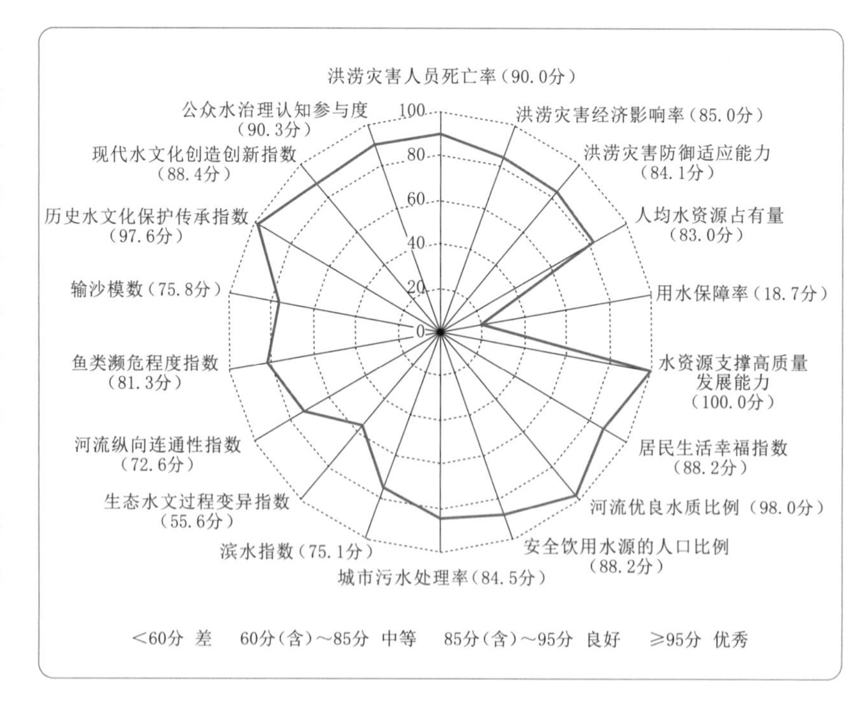

图4-8　多瑙河幸福指数二级指标评价结果

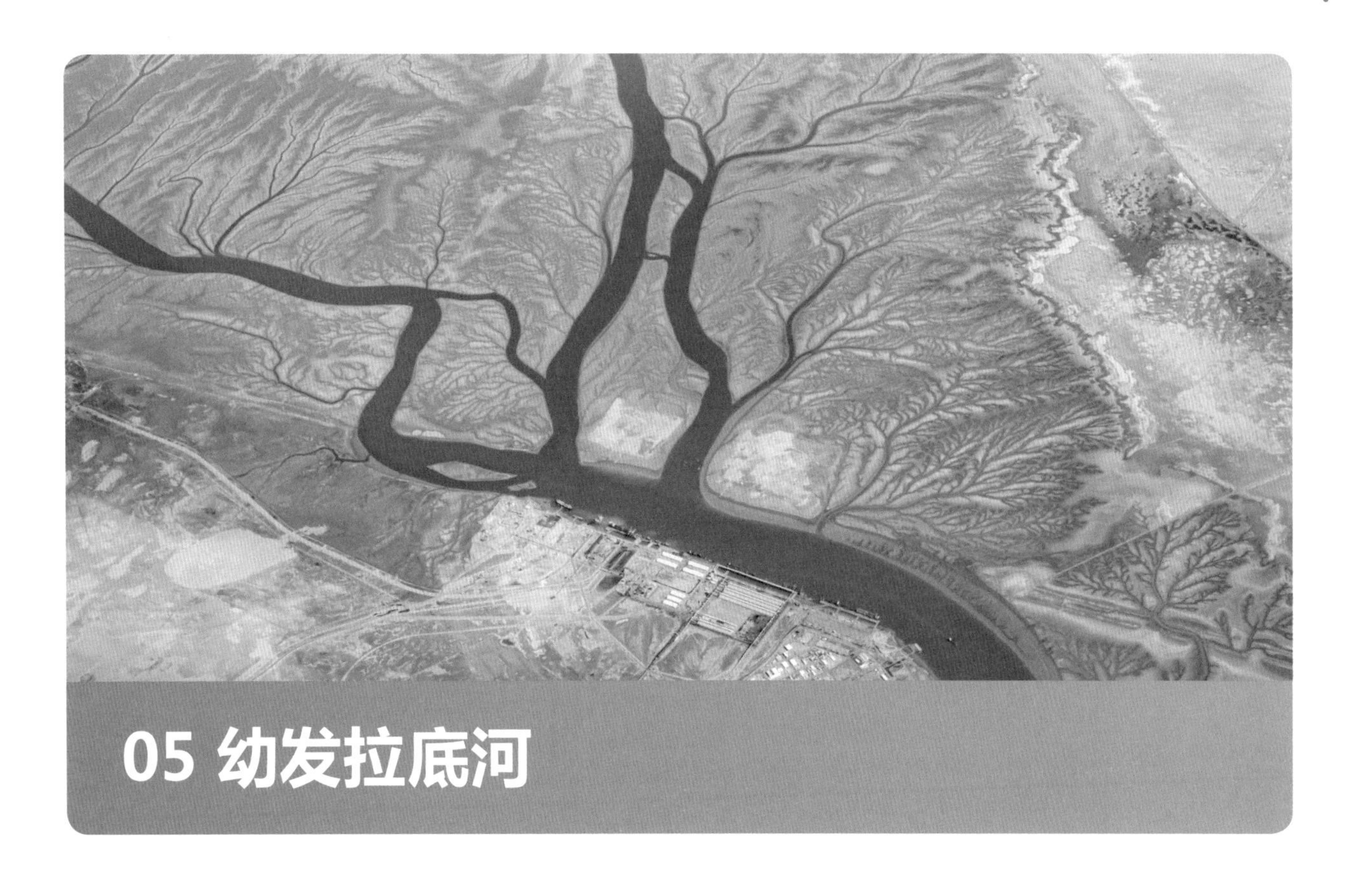

05 幼发拉底河

流域概况

幼发拉底河（此处作为幼发拉底–底格里斯河水系的简称），是西南亚最大的河流体系，包含了底格里斯河和幼发拉底河，两河的源头在土耳其东部山间，沿东南方向流经叙利亚北部和伊拉克，注入波斯湾。其中，幼发拉底河是西亚最长河流，发源于土耳其安纳托利亚高原和亚美尼亚高原山区，流经土耳其、叙利亚和伊拉克，全长2800km，流域面积69万km^2，多年平均年径流量为370亿m^3；底格里斯河源于土耳其境内安纳托利亚高原东南部的东托罗斯山南麓，向东南流，经过土耳其后，与叙利亚形成界河，直接流入伊拉克境内，全长1950km，流域面积为38万km^2，多年平均年径流量为400亿m^3。两河于古尔奈汇合形成阿拉伯河，注入波斯湾。

底格里斯河和幼发拉底河比邻发源后在上游随即分道扬镳，其间相距最远的距离约为402km。中游逐渐拉近距离，形成一个主要由贫瘠石灰岩沙漠组成的杰济拉（阿拉伯语中的岛屿之意）。两河在岩石中切割成深邃永久的河床，以至其河道自史前以来只经历过微小的变化。两河流域所滋润的美索不达米亚平原曾是古巴比伦的所在地，在这片土地上诞生了世界最早的文明——美索不达米亚文明。

幸福指数

69.3分

幼发拉底河幸福指数

幼发拉底河幸福指数为69.3分，幸福状况处于一般偏下等级，河流幸福指数一级指标评价结果如图4-9所示。

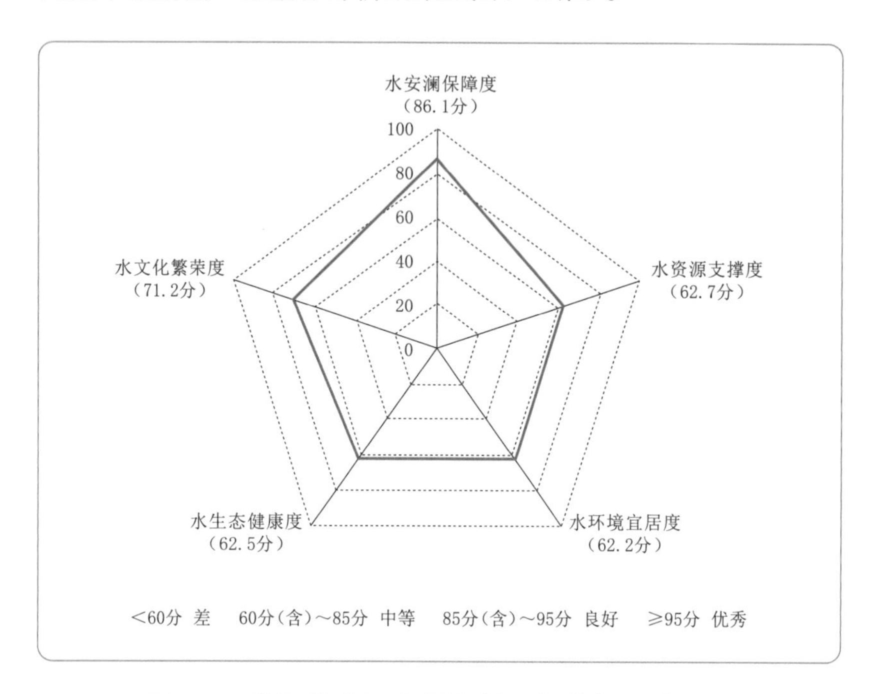

图4-9　幼发拉底河幸福指数一级指标评价结果

水安澜保障度 **86.1分**

水安澜保障度。幼发拉底河水安澜保障度得分为86.1分，达到良好等级。其中，洪涝灾害人员死亡率得分为90.0分，处于良好等级；洪涝灾害经济影响率得分为95.0分，达到优秀等级；洪涝灾害防御适应能力得分为76.6分，属于中等水平（见图4-10）。

水资源支撑度 **62.7分**

水资源支撑度。幼发拉底河水资源支撑度得分为62.7分，处于中等偏下等级。其中，人均水资源占有量和用水保障率分别得分为75.4分和79.0分，均处于中等水平；居民生活幸福指数得分为59.2分，处于较差等级；水资源支撑高质量发展能力得分为36.5分，处于很差等级（见图4-10）。

水环境宜居度 **62.2分**

水环境宜居度。幼发拉底河水环境宜居度得分为62.2分，处于中等偏下等级。其中，滨水指数得分为79.3分，处于中等水平；安全饮用水源的人口比例得分为66.2分，河流优良水质比例得分为

60.5分，均处于中等偏下等级；城市污水处理率得分为41.9分，处于较差等级（见图4-10）。

水生态健康度 **62.5 分**

水生态健康度。幼发拉底河水生态健康度得分为62.5分，处于中等偏下等级。其中，河流纵向连通性指数得分为72.4分，达到中等水平；输沙模数得分为93.7分，鱼类濒危程度指数得分为89.3分，均达到良好等级；生态水文过程变异指数得分为10.4分，处于很差等级（见图4-10）。

水文化繁荣度 **71.2 分**

水文化繁荣度。幼发拉底河水文化繁荣度得分为71.2分，处于中等水平。其中，历史水文化保护传承指数得分为83.3分，处于中等偏上等级；现代水文化创造创新指数得分为60.0分，公众水治理认知参与度得分为66.4分，均处于中等偏下等级（见图4-10）。

幼发拉底河幸福指数评价结果反映以下几方面的主要问题：一是水资源支撑高质量发展能力不足，是影响幼发拉底河水资源支撑度的主要隐患；二是城市污水处理率低，影响经济社会的可持续发展；三是生态水文过程变异指数得分过低，是建立宜居水环境需要深化治理的重大问题；四是现代水文化创造创新指数较低，是保护水文化亟须解决的短板。

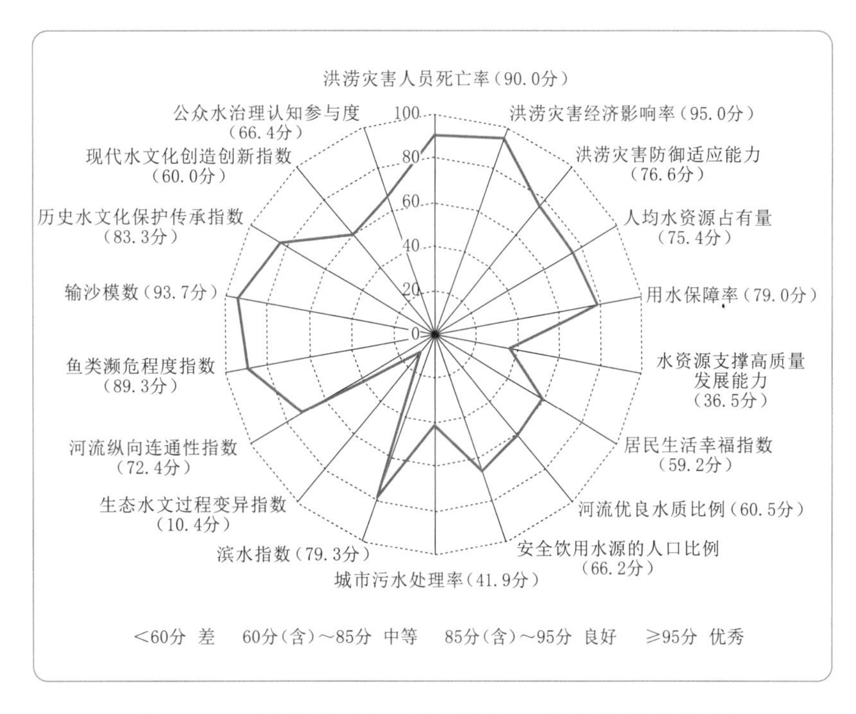

图4-10 幼发拉底河幸福指数二级指标评价结果

06 恒河

流域概况

恒河，位于亚洲南部地区，发源于喜马拉雅山西段南麓的阿勒格嫩达河与帕吉勒提河，两条源流在代沃布勒亚格汇合后称为恒河，最后注入孟加拉湾。恒河全长2527km，流域面积176.4万km^2，多年平均年径流量为5500亿m^3,流经国家包括印度、尼泊尔、中国和孟加拉国。

恒河是印度的第一大河，是印度文明的发源地之一，不仅是印度教的圣河，也是佛教兴起的地方。恒河为世界上居住人口最多的河流流域，约有4亿以上人口居住于恒河。人口密度达到390人/km^2以上。恒河水污染问题严重，对流域内生活的人与动物都造成了较大的影响。2021年印度水质监测报告数据显示，位于恒河中下游比哈尔邦，帕格尔布尔人工水质监测站核算河段中粪大肠杆菌的浓度超过印度政府规定标准值的64倍。本次恒河的评价范围只限于恒河印度境内的流域。

幸福指数

65.6分

恒河幸福指数

恒河幸福指数得分为65.6分，幸福状况处于一般偏下等级，河流幸福指数一级指标评价结果如图4-11所示。

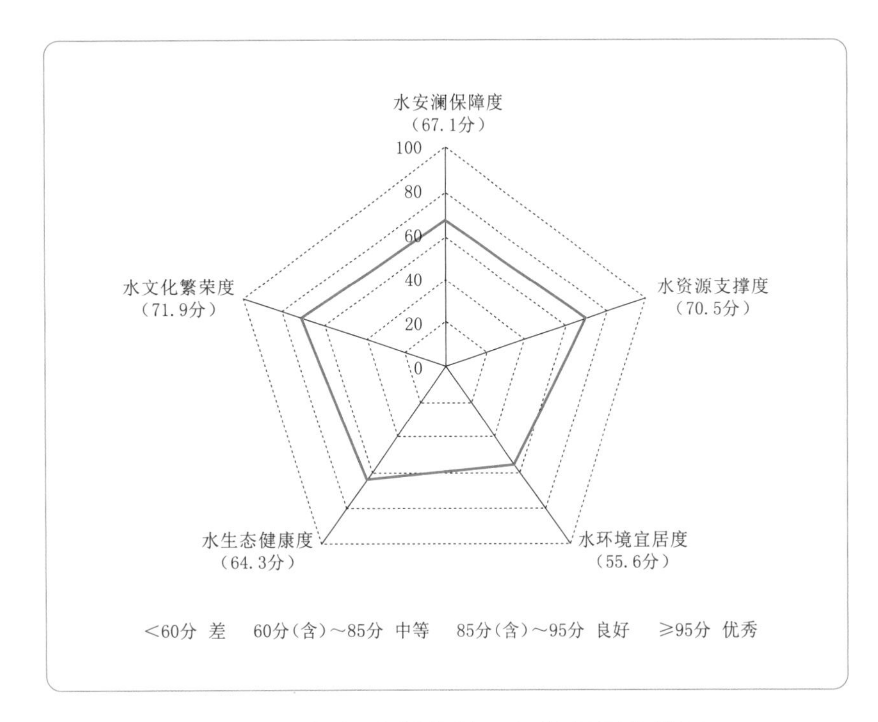

图4-11　恒河幸福指数一级指标评价结果

水安澜保障度　67.1分

水安澜保障度。恒河水安澜保障度得分为67.1分，属于中等偏下等级。其中，洪涝灾害防御适应能力74.1分，属于中等水平；洪涝灾害经济影响率得分为65.0分，洪涝灾害人员死亡率得分为60.0分，均处于中等偏下等级（见图4-12）。

水资源支撑度　70.5分

水资源支撑度。恒河水资源支撑度得分为70.5分，处于中等水平。其中，人均水资源占有量得分为88.2分，用水保障率得分为89.5分，均达到良好等级；居民生活幸福指数得分为52.9分，水资源支撑高质量发展能力得分为51.0分，均处于较差等级（见图4-12）。

水环境宜居度　55.6分

水环境宜居度。恒河水环境宜居度得分为55.6分，处于较差等级。其中，河流优良水质比例得分为50.6分，安全饮用水源的人口比例得分为54.5分，城市污水处理率得分为32.1分，均处于较差等级；滨水指数得分为88.2分，达到良好等级（见图4-12）。

水生态健康度 **64.3 分**

水生态健康度。恒河水生态健康度得分为64.3分，处于中等偏下等级。其中，河流纵向连通性指数得分为91.3分，达到良好等级；输沙模数得分为83.7分，处于中等偏上等级；鱼类濒危程度指数得分为70.0分，处于中等水平；生态水文过程变异指数得分为21.7分，处于很差等级（见图4-12）。

水文化繁荣度 **71.9 分**

水文化繁荣度。恒河水文化繁荣度得分为71.9分，处于中等水平。其中，历史水文化保护传承指数得分为84.1分，处于中等偏上等级；现代水文化创造创新指数得分为62.2分，公众水治理认知参与度得分为65.4分，均处于中等偏下等级（见图4-12）。

恒河幸福指数评价结果反映以下几方面的主要问题：一是河流水质总体较差，安全饮用水源的人口比例和城市污水处理率偏低；二是生态水文过程变异指数不容乐观，是制约恒河生态系统质量与稳定性的重大问题；三是洪涝灾后恢复能力偏低，影响恒河防洪保安全；四是水资源支撑高质量发展能力偏低，流域人均地区生产总值较低，是流域可持续发展的瓶颈；五是现代水文化创造创新仍有较大空间，水经济水文化带动社会经济发展和人民生活质量的作用还有待进一步增强。

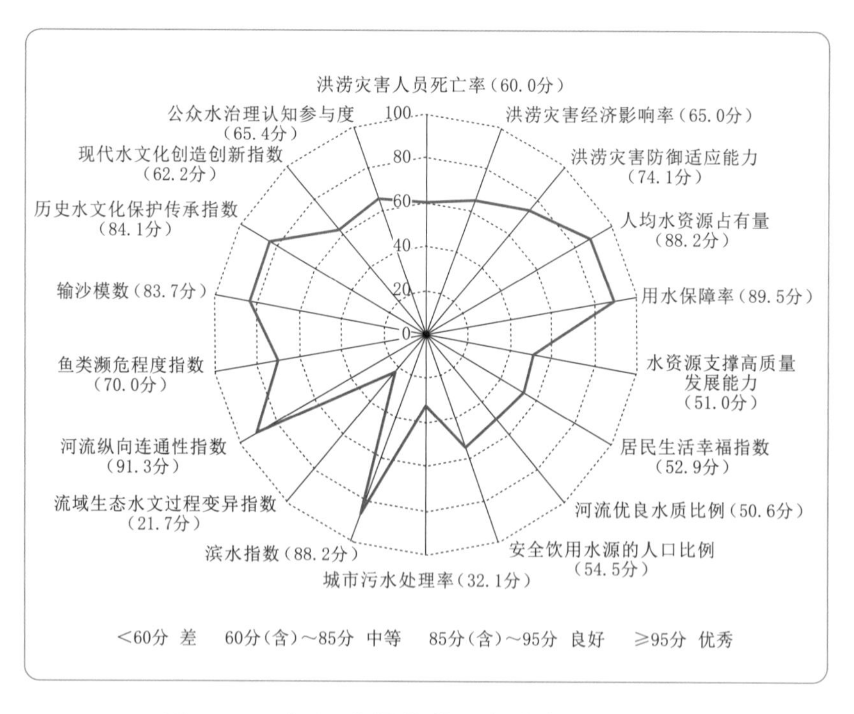

图4-12　恒河幸福指数二级指标评价结果

07 密西西比河

流域概况

密西西比河，全长6021km（以落基山脉的密苏里河支流红石溪为河源），河口多年平均年径流量为5800亿m^3，流域面积322万km^2，位于北美洲中南部，是北美洲最长的河流，是世界第四长河，占美国本土面积的41%，覆盖了东部和中部广大地区，河流年均输沙量4.95亿t，最终注入大西洋。

密西西比河及其洪泛平原流域属世界三大黑土区之一，共哺育着400多种不同的野生动物资源，为北美一半以上的鸟类提供栖息和迁徙地，是美国国家文化和娱乐休闲的宝库。密西西比河蕴藏着北美1/4的渔业资源，也是美国南北航运的大动脉，支撑着价值巨大的航运业。

幸福指数

80.1 分

密西西比河幸福指数

密西西比河幸福指数为80.1分，幸福状况处于一般偏上等级，河流幸福指数一级指标评价结果如图4-13所示。

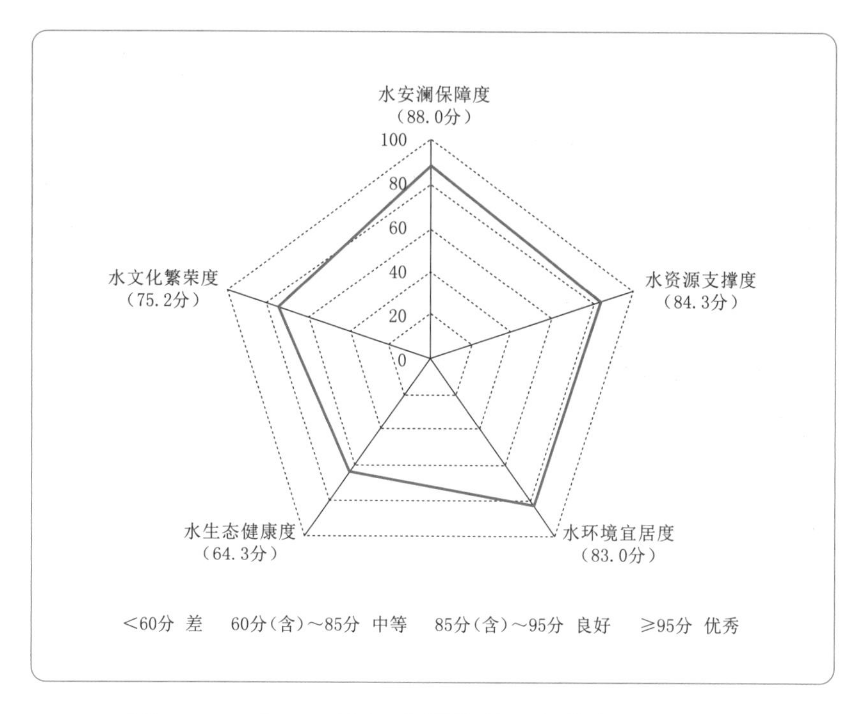

图4-13　密西西比河幸福指数一级指标评价结果

水安澜保障度　88.0 分

水安澜保障度。密西西比河水安澜保障度得分为88.0分，达到良好等级。其中，洪涝灾害人员死亡率得分为80.0分，属于中等偏上水平；洪涝灾害经济影响率得分为90.0分，洪涝灾害防御适应能力得分为92.4分，均达到良好等级（见图4-14）。

水资源支撑度　84.3 分

水资源支撑度。密西西比河水资源支撑度得分为84.3分，处于中等偏上等级。其中，人均水资源占有量13622m³，得分为100.0分，达到优秀等级；用水保障率得分为80.3分，处于中等偏上等级；水资源支撑高质量发展能力得分为81.2分，处于中等偏上等级；居民生活幸福指数得分为79.9分，处于中等水平（见图4-14）。

水环境宜居度　83.0 分

水环境宜居度。密西西比河水环境宜居度得分为83.0分，属于中等水平。其中，河流优良水质比例得分为72.6分，属于中等水平；安全饮用水源的人口比例得分为99.0分，达到优秀等级；城市污水处理率得分为93.3分，达到良好等级；滨水指数得分为64.4分，处于中等偏下等级（见图4–14）。

水生态健康度　64.3 分

水生态健康度。密西西比河水生态健康度得分为64.3分，处于中等偏下等级。其中，生态水文过程变异指数得分为27.7分，处于很差等级；河流纵向连通性指数得分为67.4分，属于中等偏下等级；鱼类濒危程度指数得分为93.3分，达到良好等级；输沙模数得分为82.0分，达到中等偏上等级（见图4–14）。

水文化繁荣度　75.2 分

水文化繁荣度。密西西比河水文化繁荣度得分为75.2分，属于中等水平。其中，历史水文化保护传承指数得分为69.9分，处于中等偏下等级；现代水文化创造创新指数得分为76.2分，处于中等水平；公众水治理认知参与度得分为81.3分，属于中等偏上等级（见图4–14）。

密西西比河幸福指数评价结果反映以下几方面的主要问题：一是流域整体治理水平较高，在水安全、水资源、水环境方面均达到中等以上等级，表明流域在长期系统的治理下，取得了比较理想的整体效果，并有较高公众水治理认知参与水平；二是在生态水文过程变异指数、河流纵向连通性指数得分较低，说明人类活动对自然生境的影响很大，开发程度较高；三是流域历史文化传承与保护方面水平稍显不足，处于中等水平。

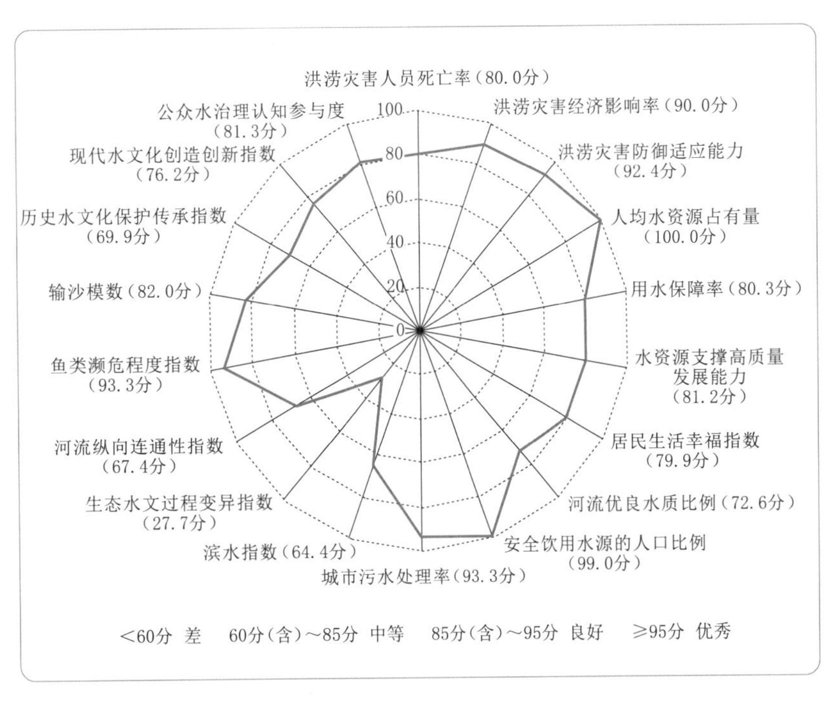

图4–14　密西西比河幸福指数二级指标评价结果

08 墨累-达令河

流域概况

墨累–达令河，发源于澳大利亚新南威尔士州东南部，河流全长3672km，流域面积为155.7万km^2，河口多年平均流量为715m^3/s，多年平均年径流量为236亿m^3。墨累–达令河大致向西及西北流，水系流贯大陆东南部中央低地区，包括昆士兰州南部、维多利亚州北部和新南威尔士州大部地区，最终注入南印度洋因康特湾。

墨累–达令河是澳大利亚的“母亲河”，墨累–达令流域覆盖澳大利亚14%的陆地面积，是澳大利亚农业的心脏地带和粮仓，在澳大利亚经济社会发展中有着举足轻重的作用。流域内的3万多处湿地和河漫滩则是数百种动物的栖息地，养育了超过50种鱼类、350种鸟类，其中包括95种濒危物种。墨累–达令河流域综合管理历史悠久，其流域管理模式在世界上享有盛誉。

幸福指数

75.6分

墨累-达令河幸福指数

墨累-达令河幸福指数得分为75.6分，幸福状况处于一般等级，河流幸福指数一级指标评价结果如图4-15所示。

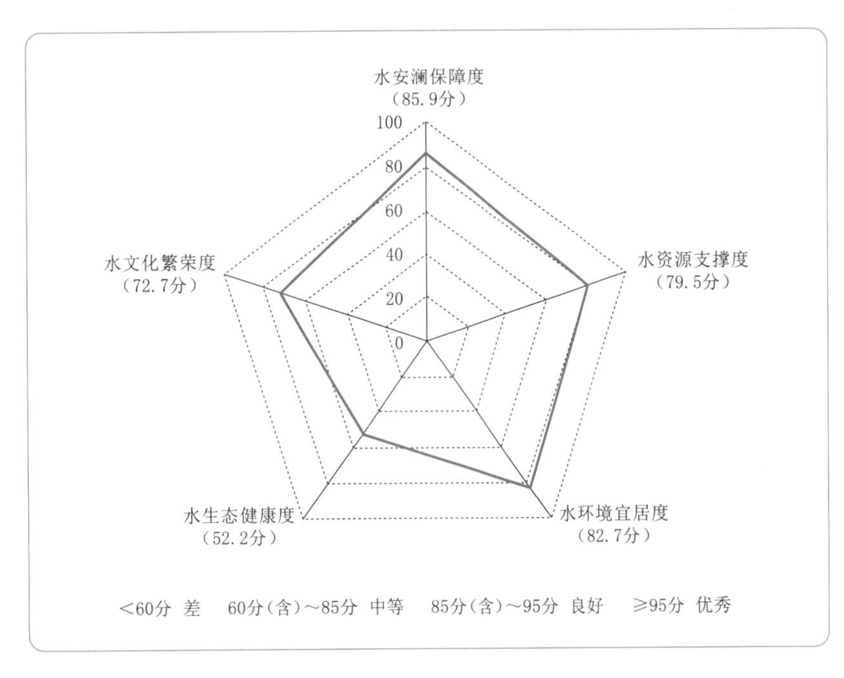

图4-15 墨累-达令河幸福指数一级指标评价结果

水安澜保障度 **85.9分**

水安澜保障度。墨累-达令河水安澜保障度得分为85.9分，达到良好等级。其中，洪涝灾害防御适应能力得分为94.7分，达到良好等级；洪涝灾害人员死亡率、洪涝灾害经济影响率得分均为80.0分，处于中等偏上等级（见图4-16）。

水资源支撑度 **79.5分**

水资源支撑度。墨累-达令河水资源支撑度得分为79.5分，处于中等水平。其中，人均水资源占有量12391.0m³，得分为100.0分，达到优秀等级；居民生活幸福指数得分为87.0分，达到良好等级；用水保障率得分为76.8分，处于中等水平；水资源支撑高质量发展能力得分为57.1分，处于较差等级（见图4-16）。

水环境宜居度 **82.7分**

水环境宜居度。墨累-达令河水环境宜居度得分为82.7分，处于中等偏上等级。其中河流优良水质比例得分为75.0分，处于中等水平；安全饮用水源的人口比例得分为98.8分，达到优秀等级；城市污水处理率得分为92.9分，达到良好等级；滨水指数得分为60.0分，处于中等偏下等级（见图4–16）。

水生态健康度 **52.2 分**

水生态健康度。墨累–达令河水生态健康度得分为52.2分，处于较差等级。其中，生态水文过程变异指数得分仅为8.1分，处于很差等级；河流纵向连通性指数得分为77.2分，处于中等水平；鱼类濒危程度得分为44.0分，处于较差等级；输沙模数得分为86.7分，达到良好等级（见图4–16）。

水文化繁荣度 **72.7 分**

水文化繁荣度。墨累–达令河水文化繁荣度得分为72.7分，处于中等水平。其中，历史水文化保护传承指数得分为76.2分，处于中等水平；现代水文化创造创新指数得分为60.0分，处于中等偏下等级；公众水治理认知参与度得分为80.7分，处于中等偏上等级（见图4–16）。

墨累–达令河幸福指数评价结果反映以下几方面的主要问题：一是水资源开发利用率高，水资源支撑高质量发展能力弱，制约其区域可持续发展；二是滨水指数偏低，城市建成区内滨水区域面积比例偏小，水环境宜居程度有待改善；三是生态水文过程变异程度高，鱼类濒危程度高，流域自然栖息地和生物种群受到严重干扰，是维护河流生态系统功能亟须解决的短板。

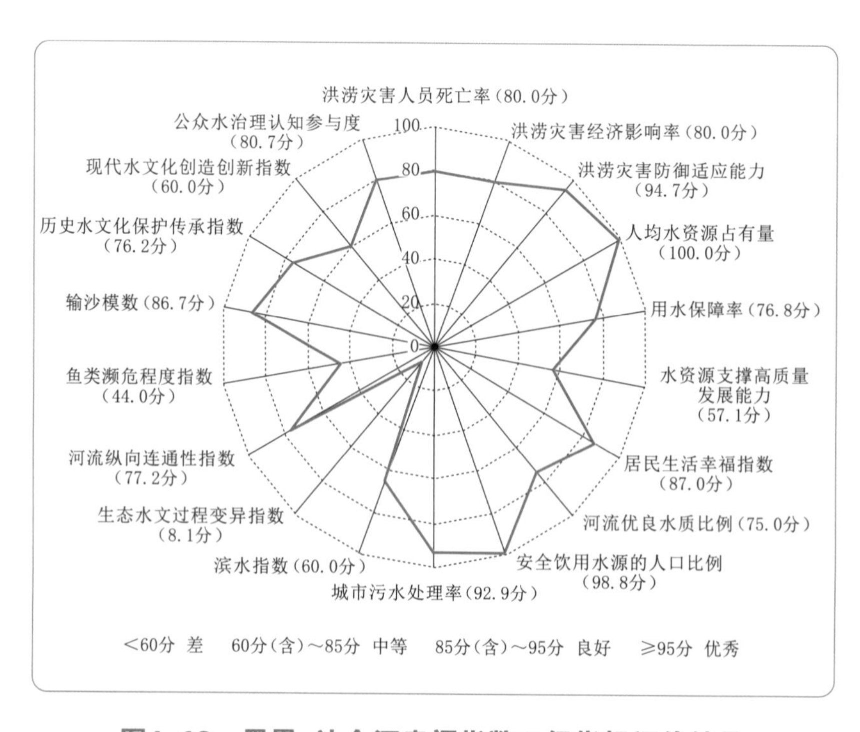

图4–16　墨累–达令河幸福指数二级指标评价结果

09 尼罗河

流域概况

尼罗河，发源于东非高原，全长6670km，是世界第一长河，流域面积335万km^2，在阿斯旺的多年平均年径流量为840亿m^3；尼罗河流域的东面是阿拉伯沙漠，西面是利比亚沙漠，南面是努比亚沙漠，流经埃及、埃塞俄比亚、布隆迪、厄立特里亚、刚果（金）、肯尼亚、卢旺达、苏丹、南苏丹、坦桑尼亚、乌干达等国家，最终注入地中海。

尼罗河上源为热带多雨区域，有巨大的流量，虽然在沙漠沿途因蒸发、渗漏失去大量径流，却仍是世界上流程最长、非洲流经国家最多的国际河流。尼罗河是孕育古埃及文明的摇篮，被称为埃及的“母亲河”“生命之河”，古埃及人依赖于尼罗河生存和发展，创造了辉煌灿烂的尼罗河文明。

幸福指数

62.1分

尼罗河幸福指数

尼罗河幸福指数得分为62.1分，幸福状况处于一般偏下等级，河流幸福指数一级指标评价结果如图4-17所示。

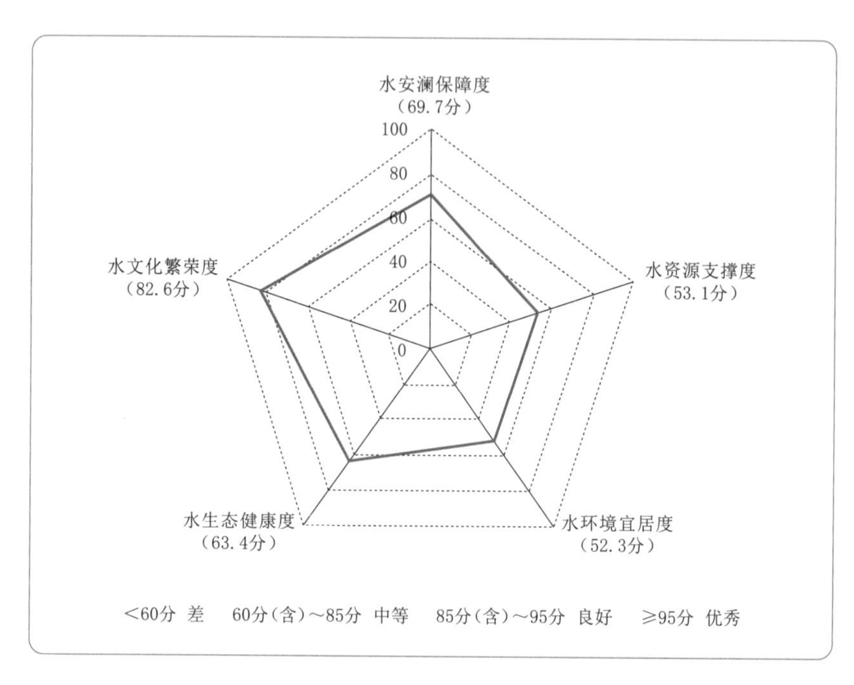

图4-17 尼罗河幸福指数一级指标评价结果

水安澜保障度 **69.7分**

水安澜保障度。尼罗河水安澜保障度得分为69.7分，处于中等偏下等级。其中，洪涝灾害人员死亡率得分为75.0分，处于中等水平；洪涝灾害经济影响率得分为70.0分，处于中等水平；洪涝灾害防御适应能力得分为65.6分，处于中等偏下等级（见图4-18）。

水资源支撑度 **53.1分**

水资源支撑度。尼罗河水资源支撑度得分为53.1分，处于较差等级。其中，人均水资源占有量得分为52.0分，用水保障率得分为56.0分，水资源支撑高质量发展能力得分为51.2分，居民生活幸福指数得分为52.4分，均处于较差等级（见图4-18）。

水环境宜居度 **52.3分**

水环境宜居度。尼罗河水环境宜居度得分为52.3分，处于较差等级。其中，河流优良水质比例得分为63.6分，处于中等偏下等级；安全饮用水源的人口比例得分为34.4分，城市污水处理率得分为32.3分，均处于较差等级；滨水指数得分为82.1分，处于中等偏上等级（见图4-18）。

水生态健康度　63.4分

水生态健康度。尼罗河水生态健康度得分为63.4分，处于中等偏下等级。其中，生态水文过程变异指数得分为17.8分，处于很差等级；河流纵向连通性指数得分为80.5分，处于中等偏上等级；鱼类濒危程度指数得分为93.3分，达到良好等级；输沙模数得分为77.3分，处于中等水平（见图4-18）。

水文化繁荣度　82.6分

水文化繁荣度。尼罗河水文化繁荣度得分为82.6分，处于中等偏上等级。其中，历史水文化保护传承指数和现代水文化创造创新指数得分分别为85.6分和92.6分，均处于良好等级；公众水治理认知参与度得分为68.5分，处于中等偏下等级（见图4-18）。

尼罗河幸福指数评价结果反映以下几方面的主要问题：一是洪涝灾害防御能力较低，是尼罗河流域水安澜亟须突破的短板；二是用水保障率不足，水资源支撑高质量发展能力尚待进一步提升；三是水环境宜居环境较差，安全饮用水源的人口比例和城市污水处理率都较低，是尼罗河流域亟须重点解决的问题；四是公众水治理认知参与度不足，历史水文化保护传承水平有待提升，水文化改善空间较大。

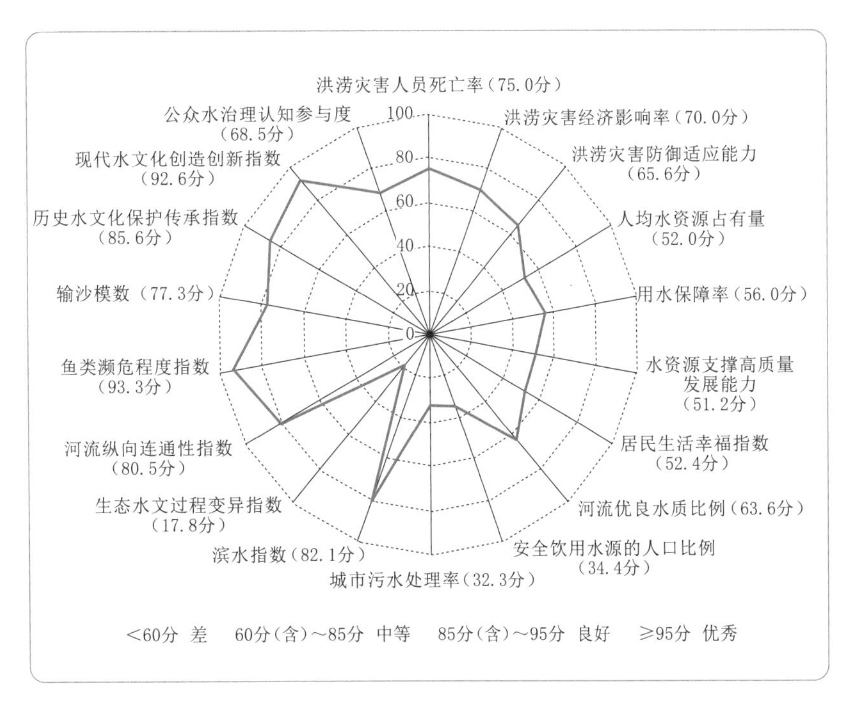

图4-18　尼罗河幸福指数二级指标评价结果

10 莱茵河

流域概况

莱茵河，欧洲西部第一长河，主要位于温带海洋性气候区。莱茵河发源于瑞士格劳宾登州境内的阿尔卑斯山北麓，河流全长1320km，在阿斯旺的多年平均年径流量为821亿m^3，流域面积16.1万km^2。向北依次流经瑞士、意大利、奥地利、德国、法国、列支敦士登、比利时、卢森堡和荷兰等9个国家后，最终于荷兰鹿特丹流入北海。

莱茵河流域自然条件优越，在欧洲经济社会发展中占有极其重要的地位。流域宽广、四通八达，是世界上航运最繁忙的河流，被人们称为“黄金水道”，沿岸平原区农业发达，工业密集，城市化进程显著。

幸福指数

86.6分

莱茵河幸福指数

莱茵河幸福指数得分为86.6分，幸福状况处于幸福等级，河流幸福指数一级指标评价结果如图4-19所示。

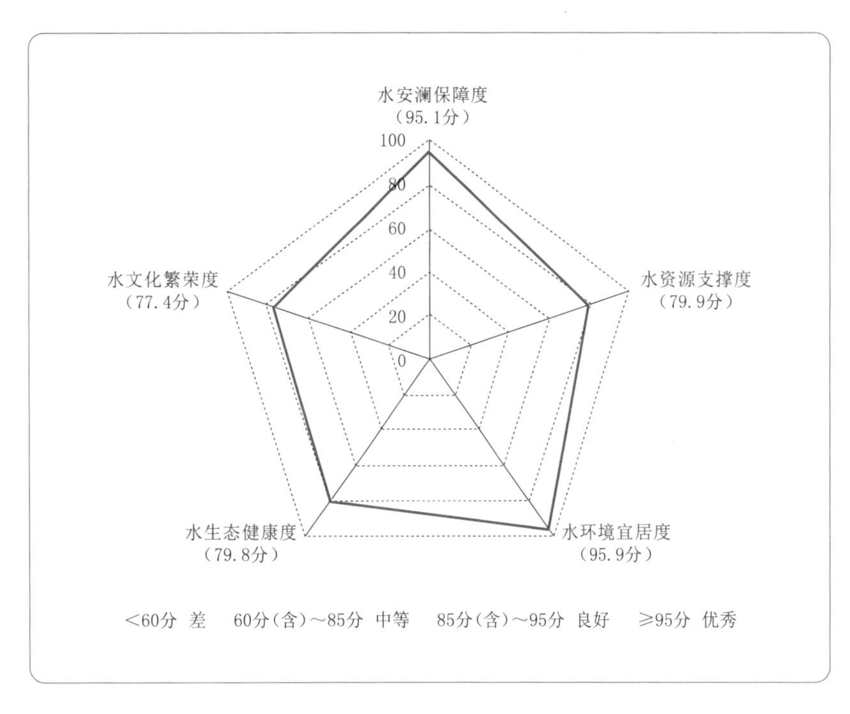

图4-19　莱茵河幸福指数一级指标评价结果

水安澜保障度　**95.1 分**

水安澜保障度。莱茵河水安澜保障度得分为95.1分，达到优秀等级。其中，洪涝灾害人员死亡率得分为90.0分，达到良好等级；洪涝灾害经济影响率得分为100.0分，达到优秀等级；洪涝灾害防御适应能力得分为95.3分，达到优秀等级（见图4-20）。

水资源支撑度　**79.9 分**

水资源支撑度。莱茵河水资源支撑度得分为79.9分，处于中等水平。人均水资源占有量得分为81.5分，处于中等偏上等级；用水保障率得分为54.5分，处于较差等级；水资源支撑高质量发展能力得分为100.0分，达到优秀等级；居民生活幸福指数得分为89.1分，达到良好等级（见图4-20）。

水环境宜居度 95.9 分

水环境宜居度。莱茵河水环境宜居度得分为95.9分，达到优秀等级。其中，河流优良水质比例、安全饮用水源的人口比例、城市污水处理率得分分别为96.4分、99.0分、96.0分，均达到优秀等级；滨水指数得分为90.4分，达到良好等级（见图4-20）。

水生态健康度 79.8 分

水生态健康度。莱茵河水生态健康度得分为79.8分，处于中等水平。其中，生态水文过程变异指数得分为51.0分，属于较差等级；河流纵向连通性指数得分为96.6分，达到优秀等级；鱼类濒危程度指数得分为94.7分，达到良好等级；输沙模数得分为85.7分，达到良好等级（见图4-20）。

水文化繁荣度 77.4 分

水文化繁荣度。莱茵河水文化繁荣度得分为77.4分，处于中等水平。其中，历史水文化保护传承指数得分为81.5分，处于中等偏上等级；现代水文化创造创新指数得分为60.8分，处于中等偏下等级；公众水治理认知参与度得分为88.6分，达到良好等级（见图4-20）。

莱茵河幸福指数评价结果反映以下几方面的主要问题：一是用水保障率偏低，水资源支撑高质量发展能力不足；二是生态水文过程变异指数得分较低，是制约莱茵河生态系统完整性的重大问题；三是现代水文化创造创新仍有较大空间，水经济水文化带动社会经济发展和人民生活质量的作用还有待进一步增强。

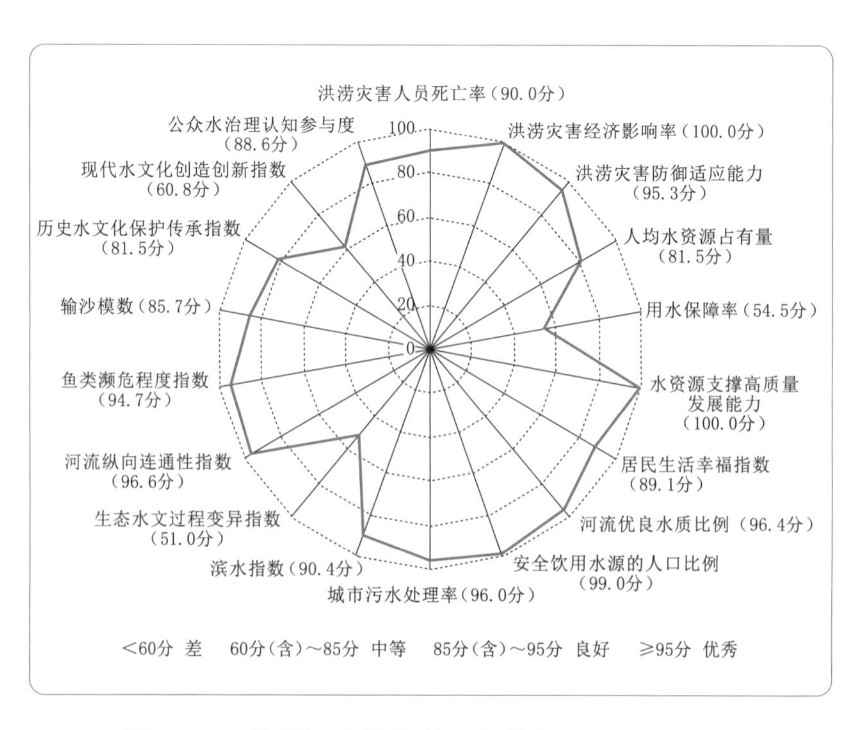

图4-20 莱茵河幸福指数二级指标评价评价结果

11 圣劳伦斯河

流域概况

圣劳伦斯河，北美洲中东部水系，河流全长3058km，流域面积为105 万km^2。圣劳伦斯河水量丰沛而稳定，含沙量较小，河口多年平均流量为10540m^3/s。圣劳伦斯河发源于安大略湖，流经加拿大的蒙特利尔后，在加斯佩地区注入大西洋的圣劳伦斯湾，流入大西洋，是北美洲“五大湖区”的入海水道。

圣劳伦斯河流域内平原肥沃广大，地形复杂多样。水、矿产、森林、野生动物等各类自然资源十分丰富。区域自然景色秀丽多姿，拥有罗亚尔岛国家公园、尼亚加拉瀑布等众多著名风景区，是国际著名旅游胜地。航运十分发达，海轮可以经此河直抵“五大湖区”，是美洲航运价值最大的河川之一。同时造就了北美地区最早发展也最重要的工业区，区域内城镇密布，工农业生产集中，在美国和加拿大两国占有重要的地位。

幸福指数

84.6分

圣劳伦斯幸福指数

圣劳伦斯幸福指数得分为84.6分，处于一般偏上等级，接近幸福等级，河流幸福指数一级指标评价结果如图4-21所示。

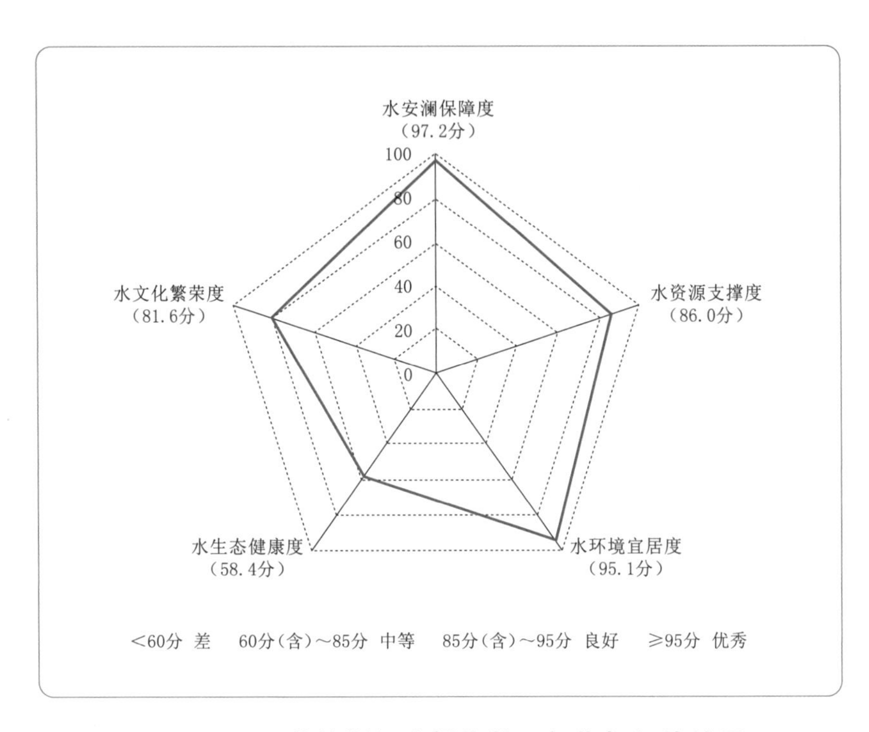

图4-21　圣劳伦斯河幸福指数一级指标评价结果

水安澜保障度　97.2分

水安澜保障度。圣劳伦斯河水安澜保障度得分为97.2分，达到优秀等级。其中，洪涝灾害对本地区造成的人员死亡和经济影响都很小，洪涝灾害人员死亡率和洪涝灾害经济影响率得分均为100.0分，达到优秀等级；洪涝灾害防御适应能力得分为92.9分，处于良好等级（见图4-22）。

水资源支撑度　86.0分

水资源支撑度。圣劳伦斯河水资源支撑度得分为86.0分，处于良好等级。其中，人均水资源占有量20466m^3，得分为100.0分，为优秀等级；用水保障率得分为80.3分，水资源支撑高质量发展能力得分为80.5分，均处于中等偏上等级；居民生活幸福指数得分为87.2分，达到良好等级（见图4-22）。

水环境宜居度　**95.1 分**

水环境宜居度。圣劳伦斯河水环境宜居度得分为95.1分，达到优秀等级。其中，河流优良水质比例和安全饮用水源的人口比例得分均等于或超过95.0分，达到优秀等级；城市污水处理率得分为90.2分，滨水指数得分为94.1分，均处于良好等级（见图4–22）。

水生态健康度　**58.4 分**

水生态健康度。圣劳伦斯河水生态健康度得分为58.4分，处于较差等级。其中，生态水文过程变异指数得分为34.4分，河流纵向连通性指数得分为58.7分，均为较差等级，输沙模数得分为61.1分，为中等偏下等级；鱼类濒危程度指数得分为90.7分，达到良好等级（见图4–22）。

水文化繁荣度　**81.6 分**

水文化繁荣度。圣劳伦斯河水文化繁荣度得分为81.6分，处于中等偏上等级。其中，历史水文化保护传承指数得分为66.0分，为中等偏下等级；现代水文化创造创新指数得分为96.8分，达到优秀等级；公众水治理认知参与度得分为87.3分，处于良好等级（见图4–22）。

圣劳伦斯河幸福指数评价结果反映以下几方面的主要问题：一是虽然水资源极为丰富，但用水保障、支撑沿线国家和地区高质量发展能力等方面略有不足；二是流域水生态健康度整体水平差、发展不平衡是该地区最大短板，除鱼类濒危程度指数达到良好外，生态水文过程变异指数、河流纵向连通性指数和输沙模数三项指标得分都较低，并且低于或远低于国际平均水平；三是该地区受限于历史原因，历史水文化保护传承指数仍稍显不足，但是地区创新发展和社会治理水平很高，总体达到中等等级。

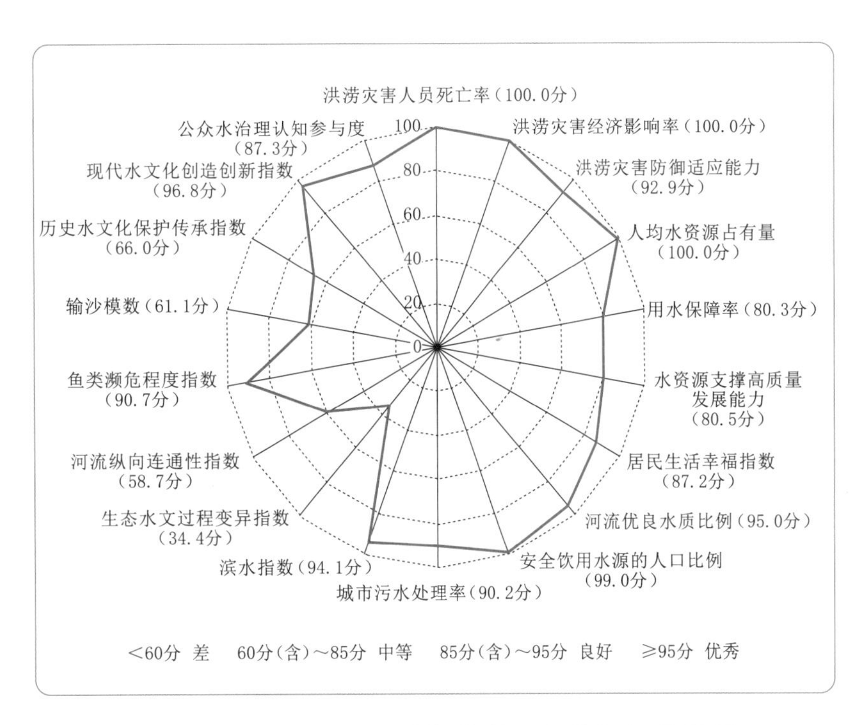

图4–22　圣劳伦斯河幸福指数二级指标评价结果

12 泰晤士河

流域概况

泰晤士河，也称泰姆河，为英国著名的“母亲河”，发源于英国英格兰西南部的科茨沃尔德山，河流先由西向东流，至牛津流向东南方向，过雷丁后转流向东北，至温莎再次转向东流经伦敦，最后在绍森德附近注入大西洋的北海。泰晤士河干流全长346km，流域总面积1.3万km^2，河流多年平均流量65.8m^3/s，多年平均年径流量18.9亿m^3。

泰晤士河是全世界水面交通最繁忙的都市河流和伦敦地标之一，流域腹地经济发达，极富航运之利，伦敦的主要建筑物大多分布在泰晤士河的两旁，沿岸有许多名胜之地，诸如伊顿、牛津、亨利和温莎等。自工业革命以来，泰晤士河因为污染而一度成为一条“死河”。但在治理多年之后，这条曾经被宣告“生物性死亡”的河流，现已清澈复苏，重新焕发出勃勃生机，为海豹等多种水生生物提供了栖息条件，生态环境状况较好。泰晤士河的治理是城市化、工业化背景下河流污染治理的经典案例之一。

幸福指数

81.9 分

泰晤士河幸福指数

泰晤士河幸福指数为81.9分，幸福状况处于一般偏上等级，河流幸福指数一级指标评价结果如图4-23所示。

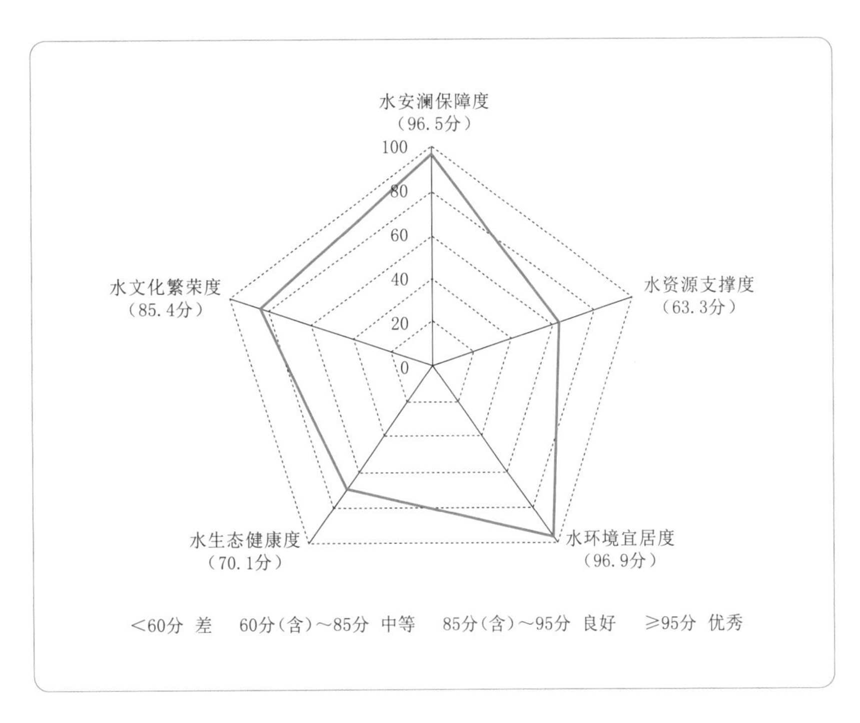

图4-23　泰晤士河幸福指数一级指标评价结果

水安澜保障度　96.5 分

水安澜保障度。泰晤士河水安澜保障度得分为96.5分，达到优秀等级。其中，洪涝灾害人员死亡率得分为100.0分，为优秀等级；洪涝灾害经济影响率、洪涝灾害防御适应能力得分均为95.0分，均达到优秀等级（见图4-24）。

水资源支撑度　63.3 分

水资源支撑度。泰晤士河水资源支撑度得分为63.3分，处于中等偏下等级。人均水资源占有量得分为24.6分，处于很差等级；用水保障率得分为56.0分，处于较差等级；水资源支撑高质量发展能力得分为80.1分，属于中等偏上等级；居民生活幸福指数得分为86.4分，达到良好等级（见图4-24）。

水环境宜居度 **96.9 分**

水环境宜居度。泰晤士河水环境宜居度得分为96.9分，达到优秀等级。其中，河流优良水质比例得分为90.0分，达到良好等级；安全饮用水源的人口比例得分为99.9分，城市污水处理率得分为99.5分，滨水指数得分为100.0分，均为优秀等级（见图4–24）。

水生态健康度 **70.1 分**

水生态健康度。泰晤士河水生态健康度得分为70.1分，处于中等水平。其中，生态水文过程变异指数得分为23.2分，处于很差等级；河流纵向连通性指数得分为99.7分，达到优秀等级；鱼类濒危程度指数得分为92.0分，处于良好等级；输沙模数得分为79.4分，处于中等水平（见图4–24）。

水文化繁荣度 **85.4 分**

水文化繁荣度。泰晤士河水文化繁荣度得分为85.4分，达到良好等级。其中，历史水文化保护传承指数得分为78.0分，属于中等水平；现代水文化创造创新指数得分为89.2分，公众水治理认知参与度得分为91.4分，均属于良好等级（见图4–24）。

泰晤士河幸福指数评价结果反映以下几方面的主要问题：一是人均水资源占有量不足，用水保障率偏低，水资源支撑高质量发展能力总体一般；二是生态水文过程变异程度相对较大，是幸福指数评价指标中制约流域水生态健康的关键因素。

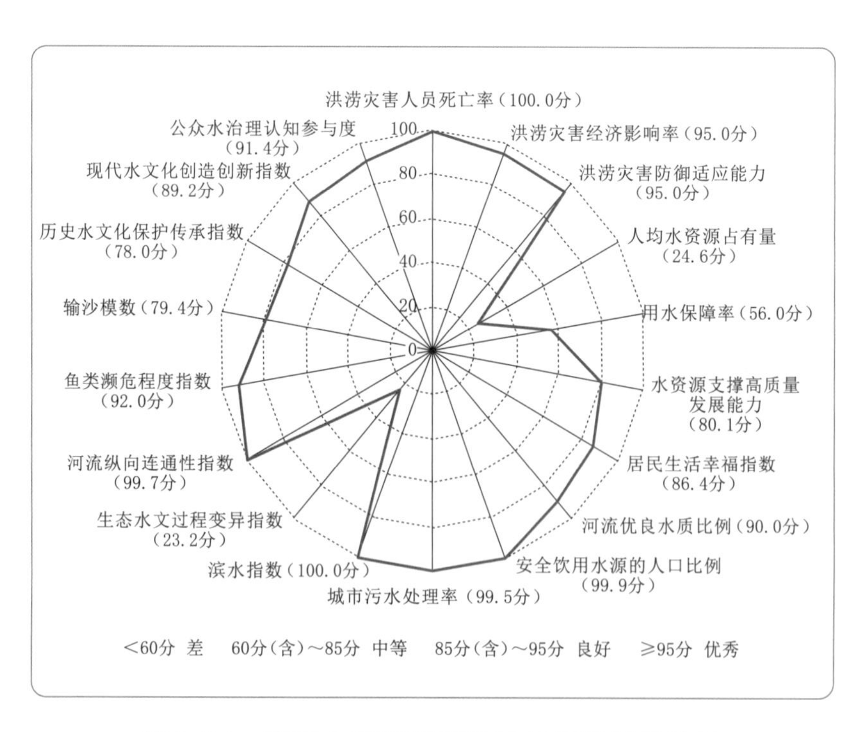

图4–24　泰晤士河幸福指数二级指标评价结果

13 伏尔加河

流域概况

伏尔加河，位于俄罗斯西部，是欧洲最长的河流，也是世界最长的内陆河。伏尔加河起源于莫斯科西北的东欧平原，于阿斯特拉罕南部注入里海。河流全长3645km，流域面积138万km^2，多年平均年径流量为2550亿m^3。伏尔加河连接波罗的海、白海，与亚速海和黑海沟通，有“五海通航”的美称。

伏尔加河是俄罗斯的历史摇篮，被称为俄罗斯的“母亲河”。流域内森林茂密，农业富庶，航道网建成通航，对发展该地区内河航运事业起到了重要作用。流域经济区是俄罗斯重要的工业与农业中心，但伏尔加河的开发也造成了一定的生态影响，水库建设对流域内的鱼类繁殖造成了影响，沿河的工农业用水排放对伏尔加河的水环境造成了污染。

幸福指数

79.0分

伏尔加河幸福指数

伏尔加河幸福指数得分为79.0分，幸福状况处于一般等级，河流幸福指数一级指标评价结果如图4-25所示。

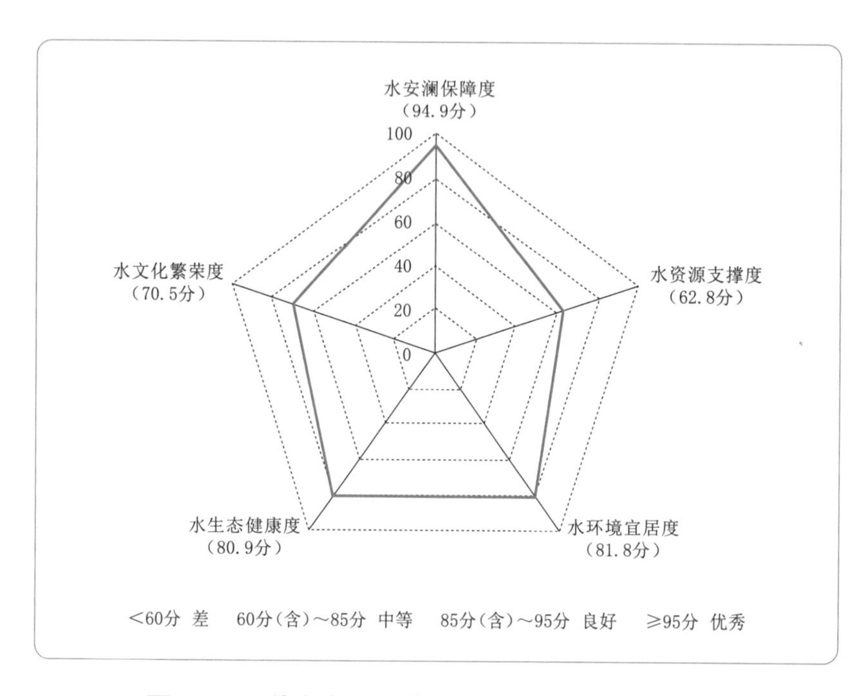

图4-25　伏尔加河幸福指数一级指标评价结果

水安澜保障度　94.9分

水安澜保障度。伏尔加河水安澜保障度得分为94.9分，为良好等级，接近优秀等级。其中，洪涝灾害人员死亡率与洪涝灾害经济影响率得分均为100.0分，达到优秀等级；洪涝灾害防御适应能力得分为87.2分，达到良好等级（见图4-26）。

水资源支撑度　62.8分

水资源支撑度。伏尔加河水资源支撑度得分为62.8分，处于中等偏下等级。其中，人均水资源占有量得分为92.5分，达到良好等级；居民生活幸福指数得分为65.6分，水资源支撑高质量发展能力得分为64.2分，均处于中等偏下等级；用水保障率得分为39.5分，处于较差等级（见图4-26）。

水环境宜居度　81.8分

水环境宜居度。伏尔加河水环境宜居度得分为81.8分，处于中等偏上等级。其中，河流优良水质比例得分为95.0分，达到优秀等级；城市污水处理率得分为89.0分，处于良好等级；安全饮用水源的人口比例得分为76.1分，处于中等水平；滨水指数得分为63.2分，处于中等偏下等级（见图4–26）。

水生态健康度 80.9 分

水生态健康度。伏尔加河水生态健康度得分为80.9分，为中等偏上等级。其中，输沙模数得分为98.6分，达到优秀等级；鱼类濒危程度指数得分为92.0分，达到良好等级；河流纵向连通性指数得分为84.7分，处于中等偏上等级；生态水文过程变异指数得分为55.6分，处于较差等级（见图4–26）。

水文化繁荣度 70.5 分

水文化繁荣度。伏尔加河水文化繁荣度得分为70.5分，评价等级为中等。其中，历史水文化保护传承指数得分为75.0分，公众水治理认知参与度得分为75.0分，均处于中等水平；现代水文化创造创新指数得分为60.0分，处于中等偏下等级（见图4–26）。

伏尔加河幸福指数评价结果反映以下几方面的主要问题：一是水资源支撑高质量发展能力不足，用水保障率偏低，是持续提供水资源保障需要关注的问题；二是生态水文过程变异指数不容乐观，是本流域幸福指数存在问题的主要表征；三是现代水文化创造创新仍有较大进步空间，人民群众对先进水文化的需求尚不能很好地满足；四是滨水指数仍需提升，是宜居水环境的短板。

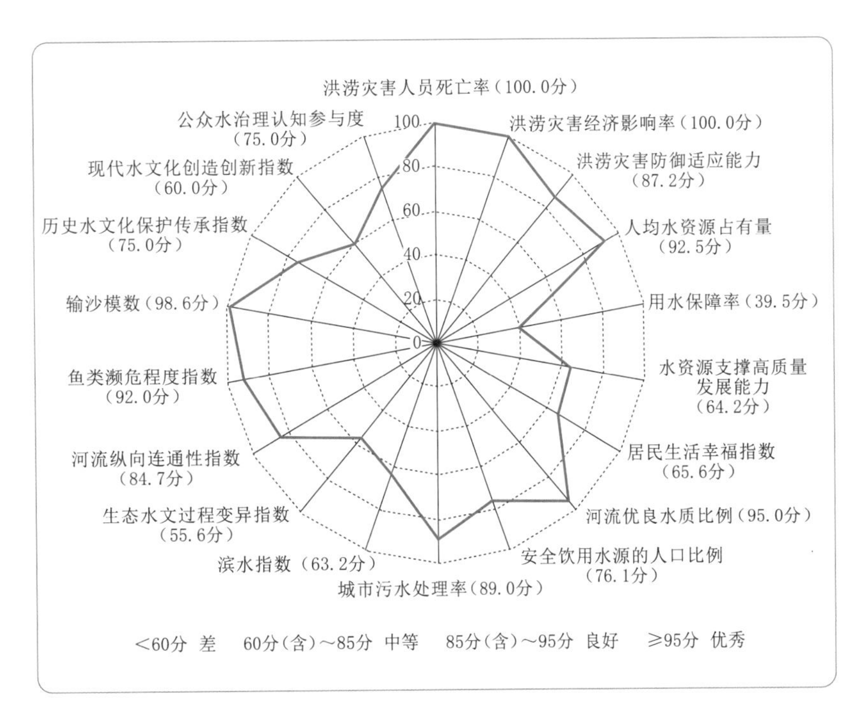

图4–26 伏尔加河幸福指数二级指标评价结果

14 长江

流域概况

长江，是中国的第一大河，地处中国中南部，主要位于中国亚热带季风气候区。长江发源于青藏高原唐古拉山脉中段格拉丹冬雪山西南侧，干流流经青海、西藏、四川、云南、重庆、湖北、湖南、江西、安徽、江苏、上海等11个省（自治区、直辖市）注入太平洋，全长6397km，长江口多年平均年径流量为9760亿m^3，其支流伸展到甘肃、陕西、贵州、河南、广西、广东、福建、浙江等8个省（自治区），流域面积178.4万km^2，占中国国土面积的18.8%。长江水系发育，流域面积在1000km^2以上的河流有437条，流域面积在1万km^2以上的河流有49条，8万km^2以上的河流有8条。流域湖泊众多，除江源地带有很多面积不大的湖泊外，多集中在中下游地区。

长江流域自然条件优越，在中国经济社会发展中占有极其重要的战略地位，是中国经济发展水平较高的地区之一。流域气候温和、雨量充沛、土地肥沃、光热资源充足，历来是中国重要的农业区和产粮区。流域内的成都平原、江汉平原、洞庭湖区、鄱阳湖区、巢湖地区和太湖地区等六大平原区，是中国重要的商品粮、棉、油生产基地。流域内特大城市15个，地级以上城市89个（市区在流域内），占全国地级以上城市总数的31.8%。流域内已形成长江三角洲城市圈、皖江城市带、武汉城市圈、长株潭城市群、成渝经济区等五大城市经济圈。

幸福指数

80.8分

长江幸福指数

长江幸福指数为80.8分，幸福状况处于一般偏上等级。

长江河流幸福指数一级指标评价结果如图4-27所示。其中，水环境宜居度得分最高，达到良好等级，而水资源支撑度和水文化繁荣度得分相对较低，处于中等水平。

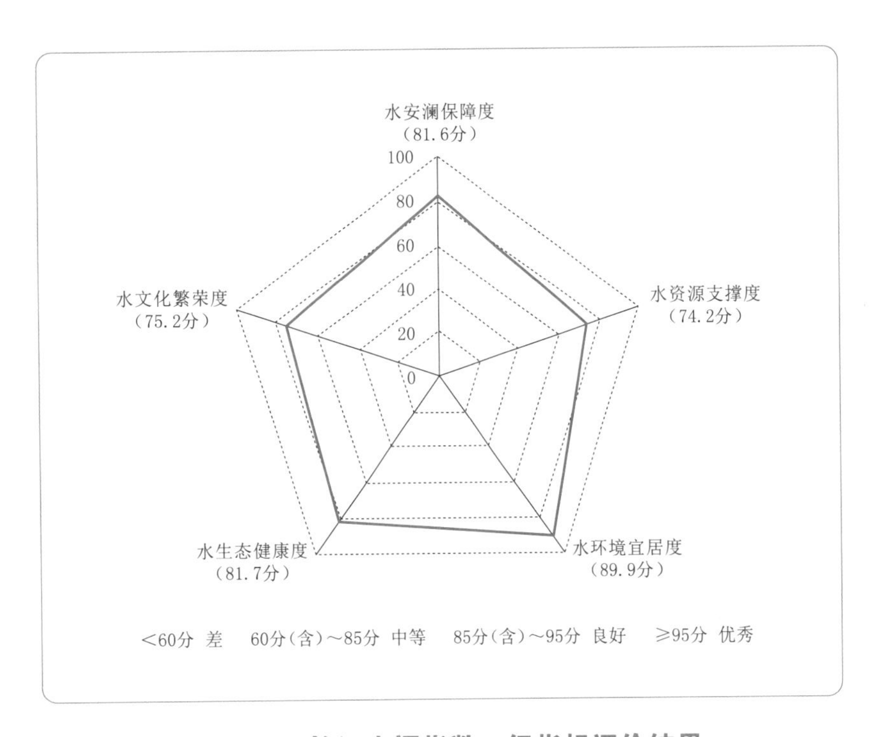

图4-27　长江幸福指数一级指标评价结果

水安澜保障度　81.6分

水安澜保障度。长江水安澜保障度得分为81.6分，属于中等偏上等级。洪涝灾害人员死亡率得分为85.0分，达到良好等级；洪涝灾害防御适应能力得分为84.1分，处于中等偏上等级；洪涝灾害经济影响率得分为75.0分，评价等级为中等（见图4-28）。

水资源支撑度　74.2分

水资源支撑度。长江水资源支撑度得分为74.2分，属于中等水平。其中，人均水资源占有量得分为81.2分，用水保障率得分为82.9分，均为中等偏上等级；居民生活幸福指数得分为66.9分，水资源支撑高质量发展能力得分为65.6分，均属于中等偏下等级（见图4-28）。

水环境宜居度 **89.9 分**

水环境宜居度。长江水环境宜居度得分为89.9分，达到良好等级。其中，城市污水处理率得分为94.6分，滨水指数得分为94.1分，安全饮用水源的人口比例得分为88.4分，河流优良水质比例得分为85.6分，均达到良好等级（见图4–28）。

水生态健康度 **81.7 分**

水生态健康度。长江水生态健康度得分为81.7分，处于中等偏上水平。其中，输沙模数得分为98.6分，达到优秀等级；鱼类濒危程度指数得分为90.7分，处于良好等级；河流纵向连通性指数得分为76.5分，处于中等水平；生态水文过程变异指数得分为65.9分，处于中等偏下等级（见图4–28）。

水文化繁荣度 **75.2 分**

水文化繁荣度。长江水文化繁荣度得分为75.2分，处于中等水平。其中，历史水文化保护传承指数得分为82.8分，处于中等偏上等级；公众水治理认知参与度得分为74.2分，处于中等水平；现代水文化创造创新指数得分为66.0分，处于中等偏下等级（见图4–28）。

长江幸福指数评价结果反映以下几方面的主要问题：一是洪涝灾害经济影响率较大，是影响长江水安澜的关键要素；二是水资源支撑高质量发展能力和居民生活幸福指数有待提高，是持续提供优质水资源保障的关键因素；三是流域生态水文变异指数得分较低，是长江流域水生态健康的短板，亟须加大水生态保护力度；四是现代水文化创造创新仍然存在较大提升空间，人民群众对先进水文化的需求尚不能很好地满足。

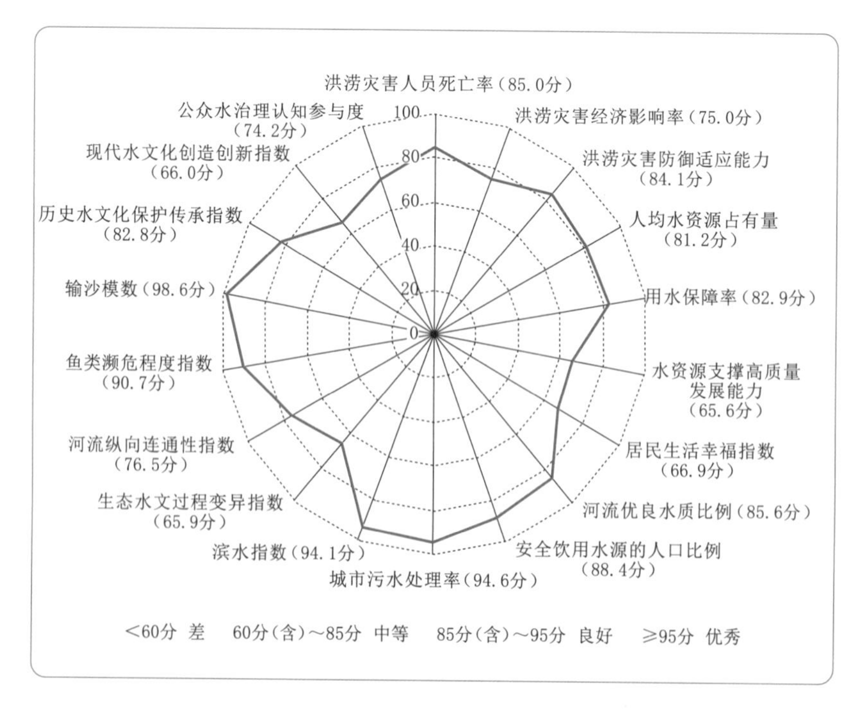

图4–28　长江幸福指数二级指标评价结果

15 黄河

流域概况

黄河，是中国的第二大河，干流全长5464km，流域面积79.5万km^2；多年平均年径流量580亿m^3。黄河发源于青藏高原巴颜喀拉山北麓海拔4500m的约古宗列盆地，自西向东流经青海、四川、甘肃、宁夏、内蒙古、山西、陕西、河南、山东9省（自治区），在山东省东营市垦利区注入渤海。

黄河流域降水量小，以旱地农业为主，冬干春旱，降水集中在七八月。由于河流中段流经中国黄土高原地区，夹带了大量的泥沙，它也被称为世界上含沙量最多的河流。黄河流域是中华文明最主要的发源地，中国人称其为“母亲河”。黄河流域有3000多年是全国政治、经济、文化中心，孕育了各种文化，是中国的重要经济地带，被称为“能源流域”，是中国重要的能源、化工、原材料和基础工业基地。

幸福指数

78.8分

黄河幸福指数

黄河幸福指数为78.8分，幸福状况处于一般等级。

黄河幸福指数一级指标评价结果如图4-29所示。其中，水安澜保障度得分最高，达到良好等级；水资源支撑度、水生态健康度得分最低，处于中等偏下等级；其他指标均处于良好等级或中等偏上等级。

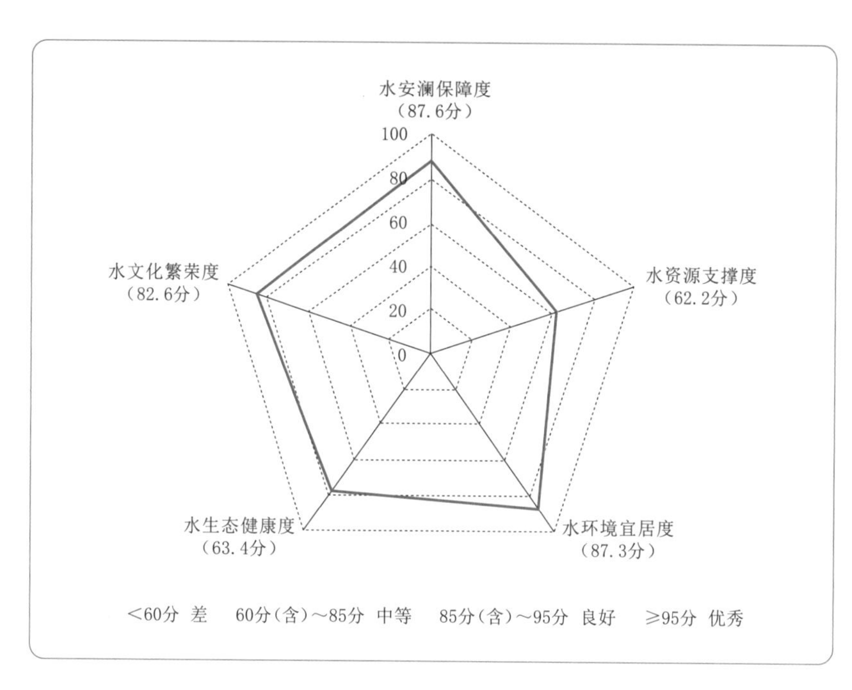

图4-29　黄河幸福指数一级指标评价结果

水安澜保障度　**87.6 分**

水安澜保障度。黄河水安澜保障度得分为87.6分，达到良好等级。其中，洪涝灾害人员死亡率得分为95.0分，达到优秀等级；洪涝灾害经济影响率得分为85.0分，处于良好等级；洪涝灾害防御适应能力得分为84.1分，处于中等偏上等级（见图4-30）。

水资源支撑度　**62.2 分**

水资源支撑度。黄河水资源支撑度得分为62.2分，处于中等偏下等级。其中，人均水资源占有量得分为44.8分，为较差等级；用水保障率得分为89.6分，达到良好等级；居民生活幸福指数得分为62.5分，处于中等偏下等级；水资源支撑高质量发展能力得分为42.9分，处于较差等级（见图4-30）。

水环境宜居度　**87.3 分**

水环境宜居度。黄河水环境宜居度得分为87.3分，达到良好等级。其中，河流优良水质比例得分为82.2分，处于中等偏上等级；安全饮用水源的人口比例得分为91.3分，达到良好等级；城市污水处理率得分为97.9分，达到优秀等级；滨水指数得分为78.1分，评价等级为中等（见图4–30）。

水生态健康度　**63.4 分**

水生态健康度。黄河水生态健康度得分为63.4分，评价等级为中等。其中，生态水文过程变异指数得分为56.0分，处于较差等级；河流纵向连通性指数得分为75.9分，处于中等水平；鱼类濒危程度指数得分为89.3分，处于良好等级；输沙模数得分为94.7分，接近优秀等级（见图4–30）。

水文化繁荣度　**82.6 分**

水文化繁荣度。黄河水文化繁荣度得分为82.6分，接近良好等级。其中，历史水文化保护传承指数、现代水文化创造创新指数得分分别为88.9分、90.9分，均处于良好等级；公众水治理认知参与度得分为72.6分，处于中等水平（见图4–30）。

黄河幸福指数评价结果反映以下几方面的主要问题：一是水资源条件先天不足，开发利用率高，人均水资源占有量较低，水资源支撑高质量发展能力不足，仍是经济社会可持续发展的制约；二是支流重度污染问题突出，是黄河区宜居水环境亟须深化治理的重大问题；三是生态水文过程变异程度较高，是维护健康水生态亟须解决的短板；四是水文化品牌效应仍需提升，水景观影响力有待改善。

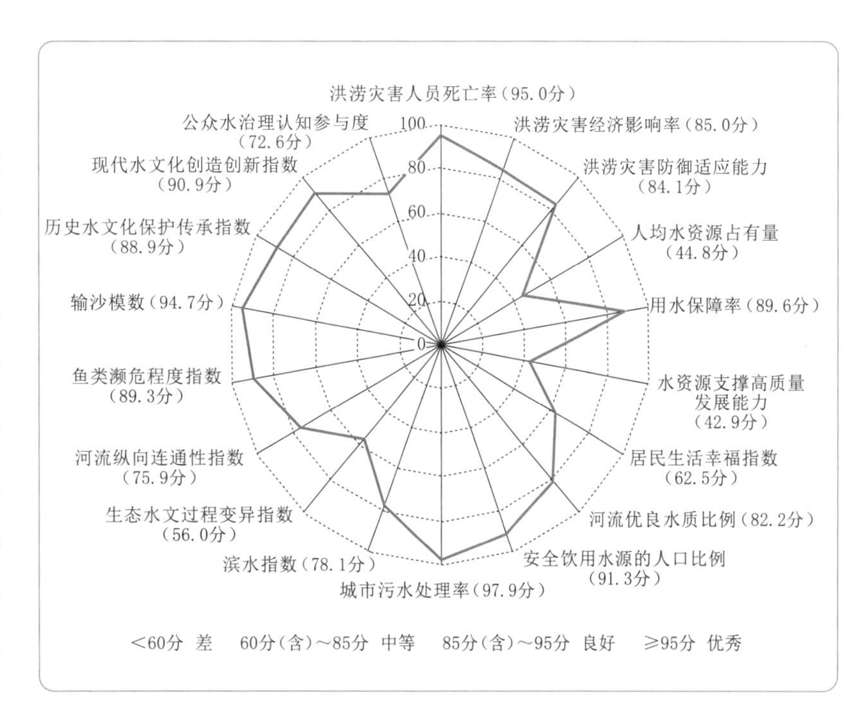

图4–30　黄河幸福指数二级指标评价结果

第五章
比较分析

86.6分

莱茵河幸福指数

本次共对15条世界河流的幸福指数进行了评价。其中，莱茵河幸福指数得分最高为86.6分，达到幸福等级，其他河流均处于一般幸福等级。圣劳伦斯河、泰晤士河、科罗拉多河、长江和密西西比河的幸福指数得分稍高，处于一般偏上等级；多瑙河、伏尔加河、黄河、墨累–达令河、亚马孙河和刚果河幸福指数得分处于一般等级；幼发拉底河、恒河、尼罗河幸福指数得分处于一般偏下等级（见图5–1）。

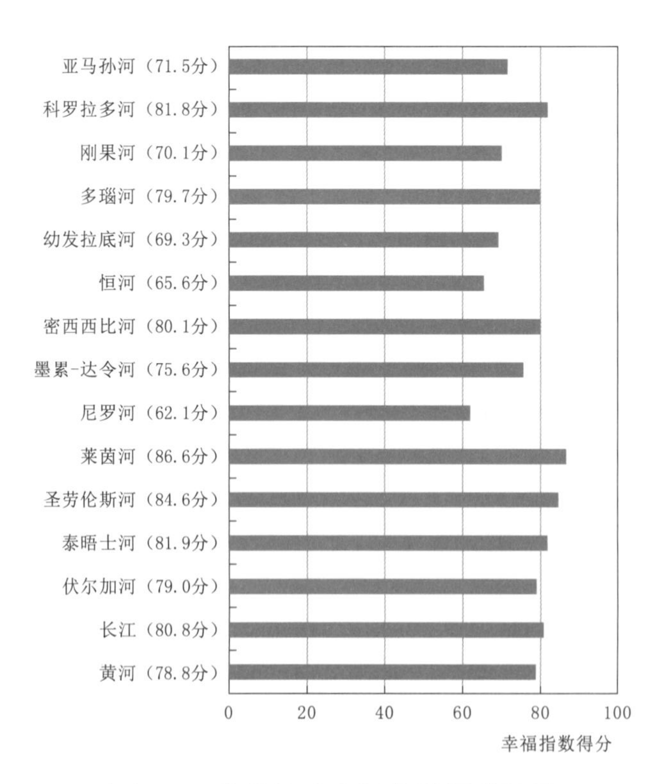

图5–1　世界河流幸福指数评价结果

1

84.4分 水安澜保障度

水安澜保障度评价结果见表5–1及图5–2。多数河流的水安澜保障度指标得分达到中等及以上水平，沿河人民群众的安全感有了较好保障。

表 5–1　水安澜保障度评价结果表

永宁水安澜 —— 水安澜保障度		
指标 1: 洪涝灾害人员死亡率	**指标 2: 洪涝灾害经济影响率**	**指标 3: 洪涝灾害防御适应能力**
84.7 分	84.7 分	83.9 分
84.4 分		

圣劳伦斯河、泰晤士河、莱茵河水安澜保障度得分高于95分，达到优秀等级；伏尔加河、科罗拉多河、密西西比河、黄河、幼发拉底河、多瑙河和墨累–达令河水安澜保障度得分均高于85分，达到良好等级；长江水安澜保障度得分高于80分，处于中等偏上等级；刚果河水安澜保障度得分为72.2分，处于中等水平；尼罗河、恒河和亚马孙河水安澜保障度得分低于70分，处于中等偏下等级。

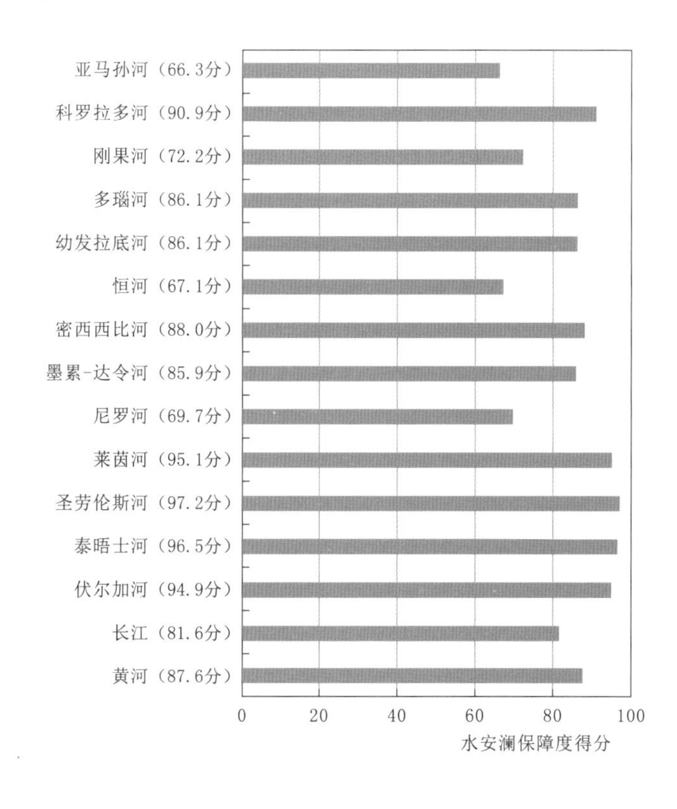

图5–2　水安澜保障度评价结果

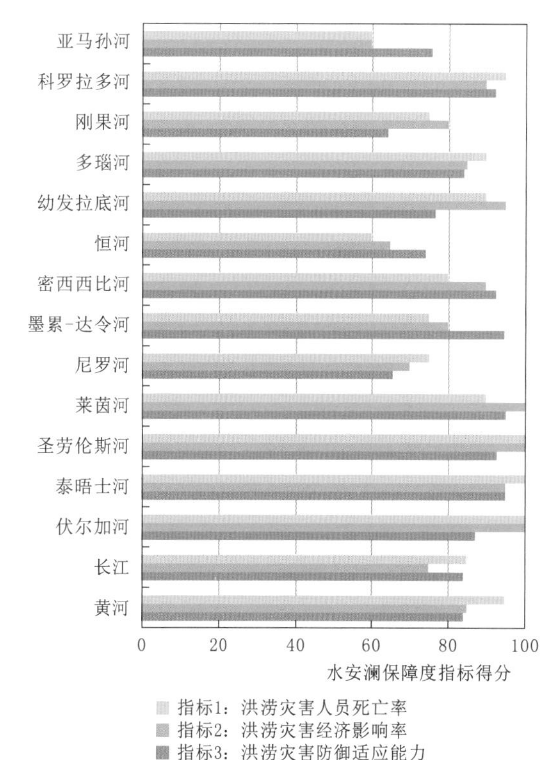

图5–3　水安澜保障度二级指标评价结果

指标1 **洪涝灾害人员死亡率**

15条河流洪涝灾害人员死亡率平均得分为84.7分，处于中等偏上等级。圣劳伦斯河、泰晤士河、伏尔加河和黄河得分等于或高于95分，达到优秀等级；莱茵河、科罗拉多河、幼发拉底河、多瑙河和长江得分等于或高于85分，达到良好等级；密西西比河和墨累–达令河得分为80分，处于中等偏上等级；刚果河、尼罗河得分为75.0分，处于中等水平；恒河和亚马孙河得分为60.0分，处于中等偏下等级（见图5–3）。

指标2 **洪涝灾害经济影响率**

15条河流洪涝灾害经济影响率得分为84.7分，处于中等偏上等级。圣劳伦斯河、伏尔加河、莱茵河、泰晤士河和幼发拉底河得分等于或高于95分，达到优秀等级；科罗拉多河、密西西比河、黄河和多瑙河得分等于或高于85分，达到良好等级；墨累–达令河和刚果河得分为80分，处于中等偏上等级；长江和尼罗河得分为70~80分，处于中等水平；恒河和亚马孙河得分为60~70分，处于中等偏下等级（见图5–3）。

指标3 **洪涝灾害防御适应能力**

15条河流洪涝灾害防御适应能力得分为83.9分，处于中等偏上等级。其中，莱茵河和泰晤士河得分等于或高于95分，达到优秀等级；墨累–达令河、圣劳伦斯河、密西西比河、科罗拉多河和伏尔加河得分均高于85分，达到良好等级；黄河、长江和多瑙河得分为80~85分，处于中等偏上等级；幼发拉底河、亚马孙河和恒河得分为70~80分，处于中等水平；刚果河和尼罗河得分为60~70分，处于中等偏下等级（见图5–3）。

2 70.9分 水资源支撑度

水资源支撑度评价结果见表5-2及图5-4，15条河流平均得分为70.9分，处于中等水平，水资源开发强度偏高及用水保障率不足是多数河流面临的重大问题。

表 5-2 水资源支撑度评价结果表

优质水资源——水资源支撑度						
指标 4：人均水资源占有量	**指标 5：用水保障率**	**指标 6：水资源支撑高质量发展能力**		**指标 7：居民生活幸福指数**		
		水资源开发利用率	单位用水量国内生产总值产出	人均国内生产总值	基尼系数	平均预期寿命
		91.8 分	47.3 分	61.5 分	56.7 分	92.9 分
81.1 分	66.9 分	68.6 分		69.9 分		
70.9 分						

在水资源支撑度方面，北美洲的河流较好，非洲较差。其中北美洲的圣劳伦斯河水资源支撑度得分为86.0分，达到了良好级别；北美洲的密西西比河及科罗拉多河2条河得分介于80~85分之间，

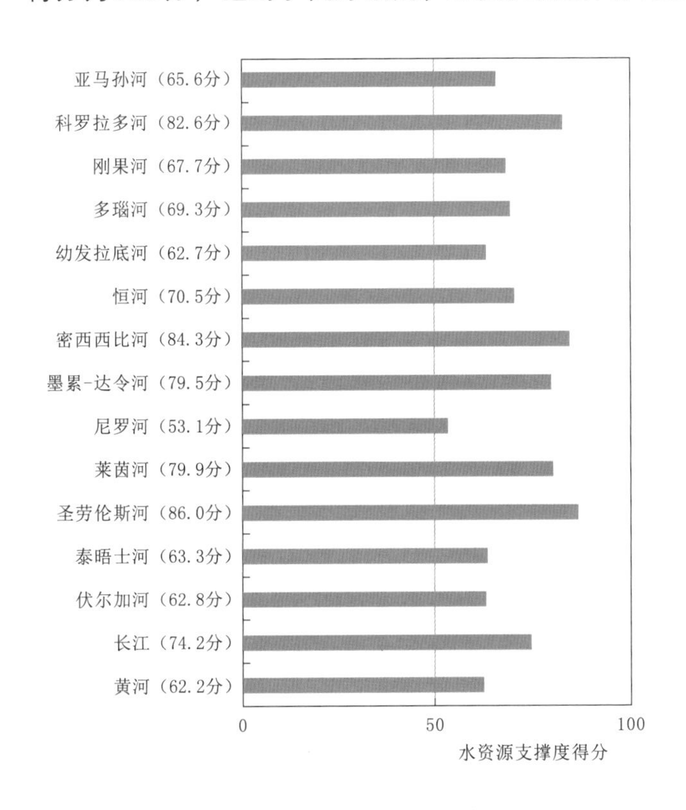

图5-4 水资源支撑度评价结果

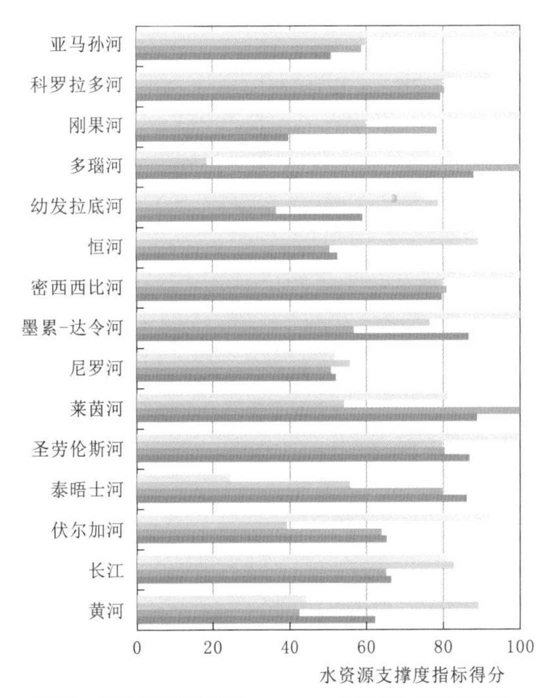

图5-5 水资源支撑度二级指标评价结果

处于中等偏上等级；欧洲的莱茵河、大洋洲的墨累–达令河、亚洲的长江及恒河4条河得分介于70~80分之间，处于中等水平；欧洲的多瑙河和泰晤士河、非洲的刚果河、南美洲的亚马孙河、亚洲的伏尔加河、幼发拉底河和黄河等7条河介于60~70分之间，处于中等偏下等级；非洲的尼罗河低于60分，处于较差等级。

指标4 人均水资源占有量

15条河流人均水资源占有平均得分为81.1分，总体处于中等偏上等级。其中，北美洲的密西西比河及圣劳伦斯河、南美洲的亚马孙河、非洲的刚果河和大洋洲的墨累–达令河5条河人均水资源量超过了1万m^3，得分为100.0分，达到优秀等级；北美洲的科罗拉多河、亚洲的伏尔加河及恒河人均水资源量超过了5000m^3，得分介于85~95分之间，达到了良好等级；欧洲的多瑙河及莱茵河和亚洲的长江得分介于80~85分之间，处于中等偏上等级；亚洲的幼发拉底河得分75.4分，处于中等水平；非洲的尼罗河和亚洲的黄河处于较差等级；欧洲的泰晤士河人均水资源量不足500m^3，处于很差等级。人均水资源占有量评分较低的河流主要原因是流域内人口分布与水资源分布不相匹配（见图5–5）。

指标5 用水保障率

15条河流用水保障率平均得分为66.9分，总体处于中等偏下等级。各河流得分差异较大，亚洲的黄河和恒河得分分别为89.6分和89.5分，达到良好等级；亚洲的长江、北美洲的密西西比河、圣劳伦斯河和科罗拉多河得分介于80~85分之间，处于中等偏上等级；亚洲的幼发拉底河和大洋洲的墨累–达令河得分分别为79.0分和76.8分，处于中等水平；南美洲的亚马孙河和非洲的刚果河得分均为60.1分，处于中等偏下等级；其他河流得分均在60分以下，等级为差，其中多瑙河处于很差等级。用水保证率评分较低的河流主要原因是灌溉保证率不足（见图5–5）。

指标6 水资源支撑高质量发展能力

15条河流水资源支撑高质量发展能力平均得分68.6分，总体处于中等偏下等级。欧洲的莱茵河及多瑙河水资源支撑高质量发展能力得分均为100.0分，达到优秀等级；北美洲的密西西比河、科罗拉多河及圣劳伦斯河，欧洲的泰晤士河得分介于80~85分之间，处于中等偏上等级；非洲的刚果河得分为78.7分，处于中等水平；亚洲的长江及伏尔加河得分分别为65.6分和64.2分，处于中等偏下等级；其他河流得分均低于60分，等级为差等级；其中亚洲的幼发拉底河处于较差等级。水资源支撑高质量发展能力评分较低的河流主要原因是水资源开发利用率高而用水效益低，尤其是以农业为主要产业结构的河流（见图5-5）。

指标7　**居民生活幸福指数**

世界河流平均居民生活幸福指数平均得分为69.9分，处于中等水平。欧洲的莱茵河、多瑙河及泰晤士河，北美洲的圣劳伦斯河、大洋洲的墨累–达令河居民生活幸福指数得分均超过85分，达到良好等级；北美洲的密西西比河和科罗拉多河得分分别为79.9分和79.6分，处于中等水平；亚洲的长江、伏尔加河和黄河得分介于60~70分之间，处于中等偏下等级；其他河流得分均低于60分，等级为差，其中非洲的刚果河处于较差等级。居民生活幸福指数评分较低的河流主要原因是流域内不同国家的经济社会发展水平较低及居民收入差距较大导致的（见图5-5）。

3 77.8分 水环境宜居度

水环境宜居度评价结果见表5–3及图5–6，15条河流水环境宜居度平均得分为77.8分，总体处于中等偏上水平。河流所处国家的发达水平与河流治理能力，对水环境宜居度的各项指标具有明显影响。经济发达区域的河流水环境宜居度得分相对较高，反之，则水环境宜居度得分偏低。

表 5–3 水环境宜居度评价结果表

宜居水环境——水环境宜居度			
指标 8：河流优良水质比例	指标 9：安全饮用水源的人口比例	指标 10：城市污水处理率	指标 11：滨水指数
78.5 分	80.5 分	72.0 分	78.7 分
77.8 分			

泰晤士河、莱茵河、圣劳伦斯河得分相对较高，均为95分以上，达到优秀等级；长江、多瑙河、黄河均为85分以上，属于良好等级；科罗拉多河、密西西比河、墨累–达令河、伏尔加河均为80分以上，处于中等偏上等级；亚马孙河、幼发拉底河介于60~70分之间，处于中等偏下等级，恒河、尼罗河、刚果河得分介于30~60分之间，处于较差等级。

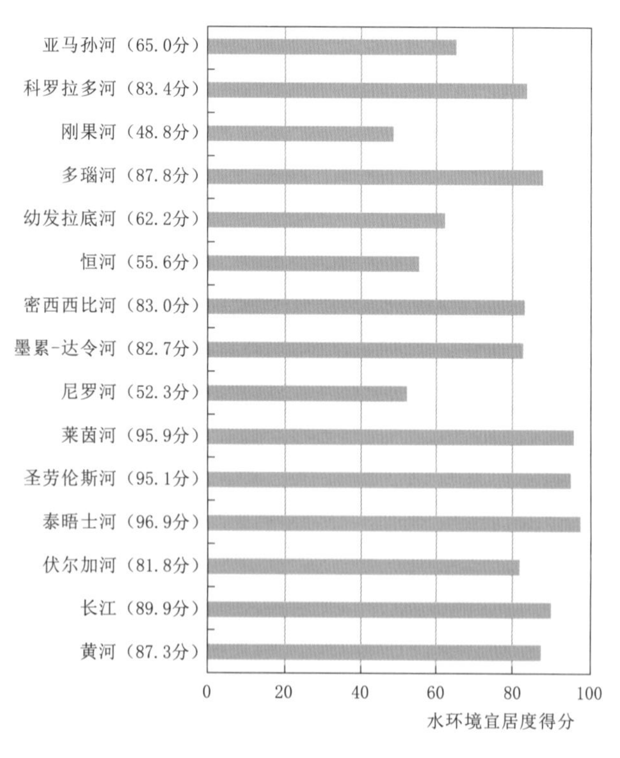

图5–6 水环境宜居度评价结果

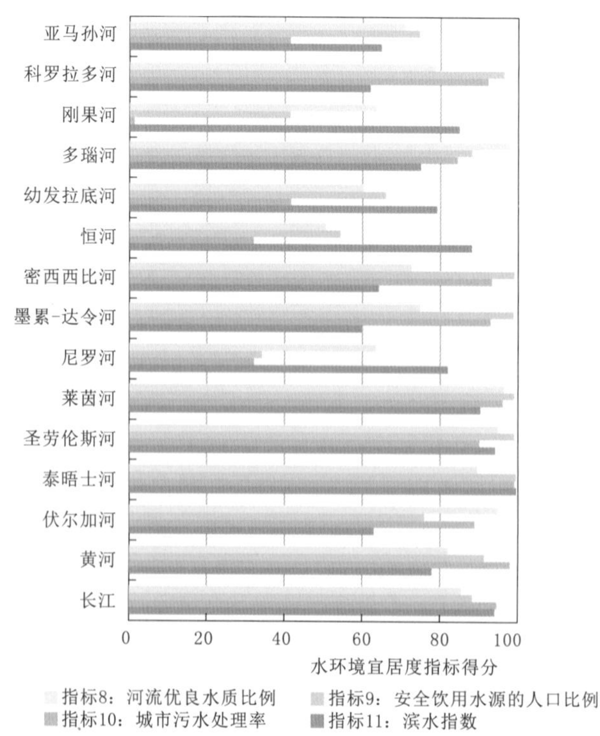

图5–7 水环境宜居度二级指标评价结果

指标8　**河流优良水质比例**

15条河流优良水质比例平均得分为78.5分，总体处于中等水平。多瑙河、圣劳伦斯河、伏尔加河和莱茵河得分在95分及以上，达到优秀等级；泰晤士河和长江得分介于85~95分之间，达到良好等级；黄河得分为82.2分，处于中等偏上等级；科罗拉多河、墨累–达令河、密西西比河和亚马孙河得分介于70~80分之间，处于中等水平；刚果河、尼罗河和幼发拉底河得分介于60~70分之间，处于中等偏下等级；恒河得分仅为50.6分，属于较差等级（见图5–7）。

指标9　**安全饮用水源的人口比例**

15条河流安全饮用水源的人口比例平均得分为80.5分，总体处于中等偏上等级。泰晤士河、莱茵河、密西西比河、圣劳伦斯河、墨累–达令河和科罗拉多河得分在95分以上，达到优秀等级；黄河、长江和多瑙河得分均高于85分，达到良好等级；伏尔加河和亚马孙河介于70~80分之间，处于中等水平；幼发拉底河得分为66.2分，处于中等偏下等级；恒河、刚果河和尼罗河介于30~60分之间，属于较差等级（见图5–7）。

指标10　**城市污水处理率**

15条河流城市污水处理率平均得分为72.0分，总体处于中等水平。全球重点流域得分差异性较大，泰晤士河、黄河和莱茵河城市污水处理率达到优秀等级；长江、密西西比河、墨累–达令河、科罗拉多河、圣劳伦斯河和伏尔加河得分均高于85分，达到良好等级；多瑙河得分为84.5分，处于中等偏上等级；幼发拉底河、亚马孙河、尼罗河和恒河介于30~60分之间，均处于较差等级；刚果河得分仅为1.5分，处于很差等级（见图5–7）。

指标11　**滨水指数**

15条河流滨水指数平均得分78.7分，总体处于中等水平。泰晤士河得分最高，为100分，达到优秀等级；圣劳伦斯河、长江、莱茵河、恒河和刚果河得分均高于或等于85分，达到良好等级；尼罗河得分为82.1分，处于中等偏上等级；幼发拉底河、黄河和多瑙河得分介于70~80分之间，处于中等水平；亚马孙河、密西西比河、伏尔加河、科罗拉多河和墨累–达令河介于60~70分之间，处于中等偏下等级（见图5–7）。

4 71.8分 水生态健康度

水生态健康度见表5-4及图5-8，15条河流平均得分71.8分处于中等水平。由于流域开发和闸坝建设，导致河流水文节律改变程度较大，除刚果河、亚马孙河等开发强度较低的河流外，其他河流生态水文过程变异指数得分处于较差、很差等级，大部分河流纵向连通性指数得分处于中等水平；根据流域内濒危鱼类种类比例，少部分河流鱼类濒危程度指数得分处于中等、差等级。

表 5-4　水生态健康度评价结果表

健康水生态——水生态健康度			
指标 12：生态水文过程变异指数	指标 13：河流纵向连通性指数	指标 14：鱼类濒危程度指数	指标 15：输沙模数
42.4 分	81.5 分	86.3 分	85.9 分
71.8 分			

刚果河、亚马孙河的水生态健康度得分最高，处于85~95之间，达到良好等级；长江、伏尔加河得分介于80~85分之间，处于中等偏上等级；莱茵河、科罗拉多河、泰晤士河、多瑙河得分介于70~80分之间，处于中等水平；密西西比河、恒河、尼罗河、黄河、幼发拉底河得分介于60~70分之间，处于中等偏下等级；圣劳伦斯河、墨累-达令河得分介于30~60分之间，处于较差等级。

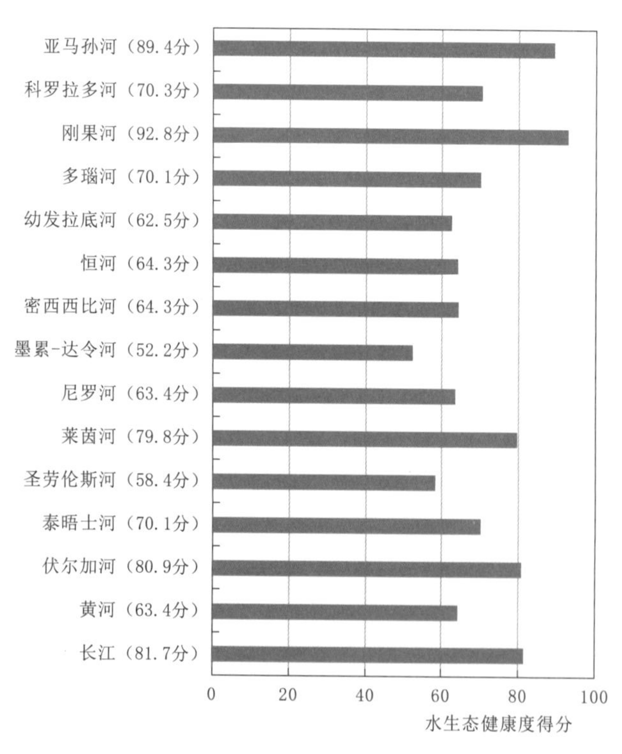

图5-8　水生态健康度评价结果

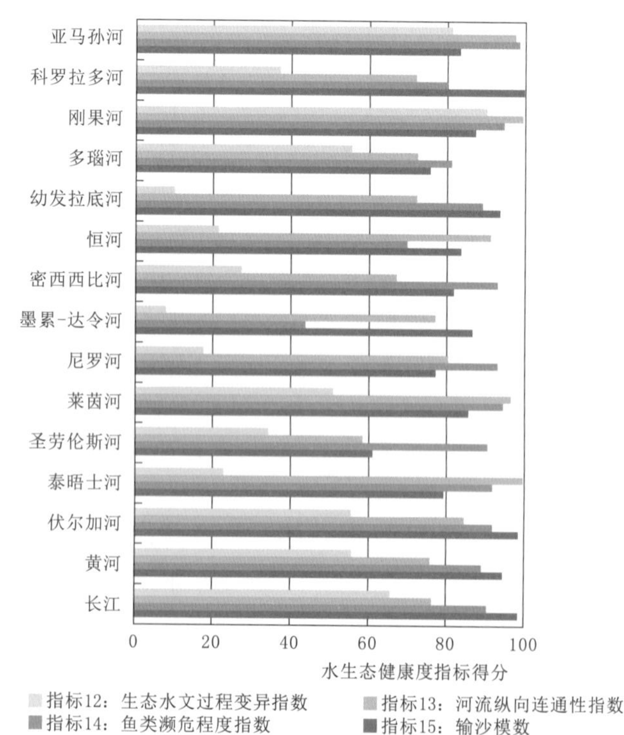

图5-9　水生态健康度二级指标评价结果

指标12 生态水文过程变异指数

生态水文过程变异指数计算结果表明，刚果河为90.3分，达到良好等级；亚马孙河为81.5分，处于中等偏上等级；长江为65.9分，处于中等偏下等级；黄河、多瑙河、伏尔加河、莱茵河、科罗拉多河、圣劳伦斯河得分介于30~60分之间，处于较差等级；密西西比河、泰晤士河、恒河、尼罗河、幼发拉底河、墨累–达令河得分均在30分以下，处于很差等级（见图5–9）。

指标13 河流纵向连通性指数

根据流域内所有水系连通性评价结果，泰晤士河、刚果河、亚马孙河、莱茵河得分均在95分以上，达到优秀等级；恒河得分为91.3分，处于良好等级；伏尔加河、尼罗河得分介于80~85分之间，处于中等偏上等级；墨累–达令河、长江、黄河、多瑙河、幼发拉底河、科罗拉多河得分介于70~80分之间，处于中等水平；密西西比河为67.4分，处于中等偏下等级；圣劳伦斯河为58.7分，处于较差等级（见图5–9）。

指标14 鱼类濒危程度指数

根据流域内濒危鱼类种类与鱼类总种类数量状况，亚马孙河得分为98.7分，达到优秀等级；刚果河、莱茵河、尼罗河、密西西比河、泰晤士河、伏尔加河、长江、圣劳伦斯河、黄河、幼发拉底河得分介于85~95分之间，达到良好等级；多瑙河、科罗拉多河得分介于80~85分之间，处于中等偏上等级； 恒河得分为70.0分，处于中等水平；墨累–达令河得分为44.0分，处于较差等级（见图5–9）。

指标15 输沙模数

根据流域输沙量评价结果，科罗拉多河、伏尔加河、长江得分高于95分，达到优秀等级；黄河、幼发拉底河、刚果河、墨累–达令河、莱茵河得分介于85~95分之间，达到良好等级；恒河、亚马孙河、密西西比河得分介于80~85分之间，处于中等偏上等级；泰晤士河、尼罗河、多瑙河得分介于70~80分之间，处于中等水平；圣劳伦斯河得分为61.1分，处于中等偏下等级（见图5–9）。

5

77.4分

水文化繁荣度

水文化繁荣度评价结果见表5-5及图5-10，15条河流水文化繁荣度平均得分为77.4分，水文化繁荣度指标得分整体达到中等及以上水平，水文化历史底蕴较为丰厚，但现代水文化创造创新和公众水治理认知参与度还有待进一步提高。

表 5-5　水文化繁荣度评价结果表

先进水文化——水文化繁荣度		
指标 16: 历史水文化保护传承指数	指标 17: 现代水文化创造创新指数	指标 18: 公众水治理认知参与度
80.0 分	74.2 分	77.2 分
77.4 分		

多瑙河和泰晤士河得分介于85~95分之间，水文化繁荣度为良好等级；尼罗河、圣劳伦斯河和黄河水文化繁荣度得分介于80~85分之间，处于中等偏上等级；刚果河水文化繁荣度得分（67.5分）最低，处于中等偏下等级；其他河流如亚马孙河、科罗拉多河、幼发拉底河、恒河、密西西比河、墨累-达令河、莱茵河、伏尔加河和长江得分介于70~80分之间，均处于中等水平。

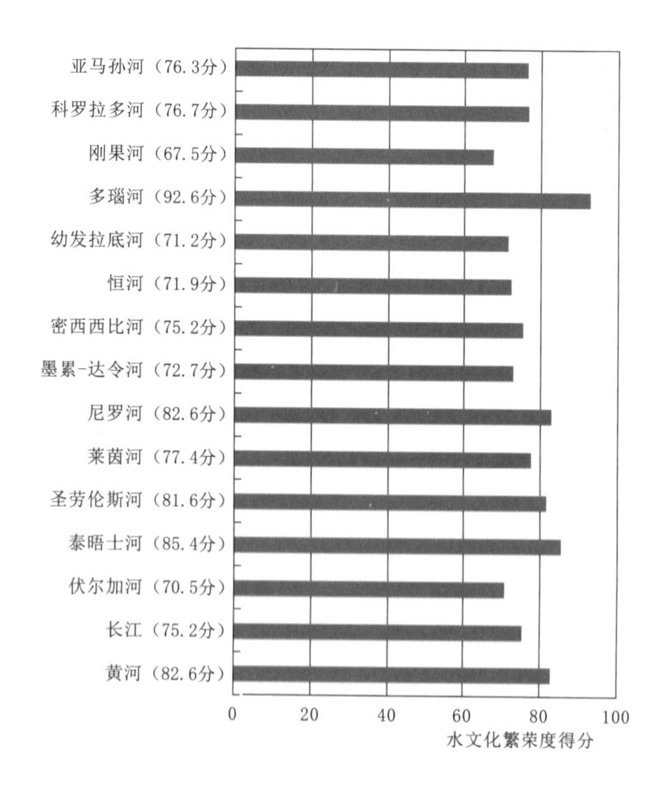

图5-10　水文化繁荣度评价结果

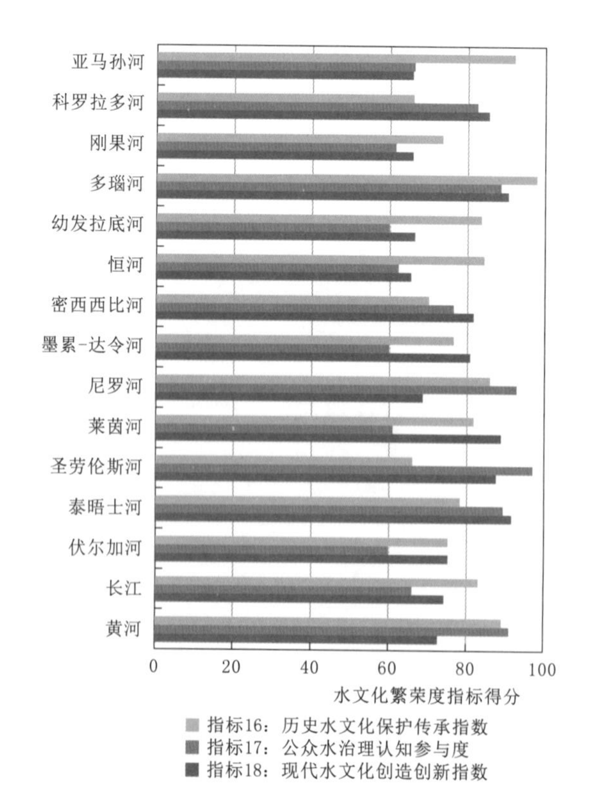

图5-11　水文化繁荣度二级指标评价结果

指标16　**历史水文化保护传承指数**

15条河流历史水文化保护传承指数得分为80.0分，处于中等偏上等级。其中，多瑙河得分最高为97.6分，是唯一达到优秀等级的河流；亚马孙河、尼罗河和黄河历史水文化保护传承指数得分介于85~95分之间，处于良好等级；幼发拉底河、恒河、莱茵河和长江历史水文化保护传承指数得分介于80~85分之间，处于中等偏上等级；刚果河、墨累–达令河、泰晤士河和伏尔加河历史水文化保护传承指数得分介于70~80分之间，处于中等水平；科罗拉多河、密西西比河和圣劳伦斯河得分为介于60~70分之间，处于中等偏下等级（见图5–11）。

指标17　**现代水文化创造创新指数**

15条河流现代水文化创造创新指数得分为74.2分，处于中等水平。其中，圣劳伦斯河得分最高，为96.8分，是唯一一个达到优秀等级的河流；多瑙河、尼罗河、泰晤士河和黄河得分介于85~95分之间，达到良好等级；科罗拉多河得分为82.3分，为中等偏上等级；密西西比河得分为76.2分，为中等水平；大多数河流如亚马孙河、刚果河、幼发拉底河、恒河、墨累–达令河、莱茵河、伏尔加河和长江的现代水文化创造创新指数得分介于60~70分之间，均为中等偏下等级（见图5–11）。

指标18　**公众水治理认知参与度**

15条河流公众水治理认知参与度得分为77.2分，为中等水平。其中，无河流达到公众水治理认知参与度优秀等级；科罗拉多河、多瑙河、莱茵河、圣劳伦斯河和泰晤士河得分介于85~95分之间，达到良好等级；密西西比河和墨累–达令河得分介于80~85分之间，达到中等偏上等级；伏尔加河、长江和黄河得分介于70~80分之间，达到中等水平；亚马孙河、刚果河、幼发拉底河、恒河和尼罗河得分介于60~70分之间，为中等偏下等级（见图5–11）。

附录

河流幸福指数评价标准

一、河流幸福指数评价指标体系

（一）指标遴选原则

（1）公众关切原则。坚持以人为本、以人民为中心作为幸福河指标体系构建的出发点和落脚点，遵循幸福的心理学和社会学基本原理，体现人对河流的安全感、获得感、愉悦感等不同层次的精神需求。

（2）普适兼容原则。指标体系适用于不同流域、不同类型、不同规模河流的评价，能兼容不同区域河流的基础条件以及所面临问题的差异性，从个性中确定幸福的共性度量标准。

（3）突出重点原则。评价是为了满足人民对美好生活的向往，改进现实中人民对河流感觉不幸福的影响因素。评价指标要突出人的幸福基础保障与影响精神愉悦要素的测度，反映出提升人民幸福感的治水方向与工作重点。

（4）现实可行原则。幸福是一种心理体验，但也离不开一定的物理基础，因此指标选取采取主观指标与客观指标相结合，过程中切实考虑指标的可测度性与信息的获取性，以及评价结果的纵横向比较与实践运用。

（二）指标体系组成

（1）水安澜保障度。在全球气候变化背景下，水灾害防控也面临新形势，各国人民对美好生活的需求要求水灾害防控不仅能最大限度地降低生命财产损失，同时要求正常生活秩序也能够不受或少受影响。目前，世界主要河流按照流经各国或地区的经济社会发展需要防御目标洪水，但对标“河湖安澜、人民安宁”的愿景，在应对极端降雨、山洪、城市洪涝等方面还存在诸多短板。为此，选择洪涝灾害人员死亡率、洪涝灾害经济影响率、洪涝灾害防御适应能力，表征水安澜保障度。

（2）水资源支撑度。用水有保证、生存发展不受或少受水资源制约是优质水资源的核心要义，指标也应从这两方面进行选取。全球各大洲不同国家、不同流域自然条件差别巨大，经济社会发展阶段不同，水资源开发利用状况和生产生活用水安全保障水平也有显著差异。伴随人口增长和经济社会进步，人类对水资源的需求不断增加，而气候变化也给全球水资源安全带来更大的不确定性风险。迄今，全球仍有1/3的人生活在中度和高度缺水的地区，特别是亚太、非洲、东欧等地区。面对21世纪的水资源挑战，以水促进可持续发展，是联合国2030年可持续发展议程关注的重要领域之一。因此，选择人均水资源占有量、用水保障率表征水资源条件与用水保障程度；选择水资源支撑高质量发展能力、居民生活幸福指数表征发展和幸福生活受水资源制约的程度。用水保障率主要采用了实际灌溉面积比例指标。水资源支撑高质量发展能力采用水资源开发利用率、单位用水量国内生产总值产出表示。居民生活幸福指数选用人均国内生产总值、基尼系数、平均预期寿命等国际通用指标。

（3）水环境宜居度。近年来，世界各地水环境治理力度逐渐加大，部分流域水质出现好转。但是，对标“水清岸绿、宜居宜赏”的愿景仍有差距，部分地区水体污染严重、城市污水未得到有效处理、个别流域内仍有相当一部分人口未能获得安全饮用水以及城市不合理建设造成人水阻隔等问题，这些问题仍制约着人居生活环境与生活品质。为此，选择河流优良水质比例、安全饮用水源的人口比例、城市污水处理率和滨水指数，表征全球典型流域水环境宜居度。

（4）水生态健康度。受到流域水资源开发、水土流失、闸坝建设等多类型人类活动胁迫，全球河流水文自然节律受到不同程度干扰，河流水系连通程度降低，流域侵蚀产沙形成水土流失、河流形态结构改变，以上综合导致了河流生境质量下降和水生生物多样性变化。对标“鱼翔浅底、万物共生”的愿景，全球水文节律改变、生境下降、生物多样性下降仍是河流生态系统存在的关键问题，为此选择生态水文过程变异指数、河流纵向连通性指数、鱼类濒危程度指数、输沙模数，表征水生态健康度。其中，生态水文过程变异指数反映了流域下垫面土地覆盖变化和闸坝对径流的扰动，河流纵向连通性指数反映了河流纵向上被闸坝等障碍物分割导致的水系破碎程度，鱼类濒危程度指数表征了自然和人类活动对鱼类的影响程度，输沙模数表征了流域侵蚀产沙强度。

（5）水文化繁荣度。目前所选列河流都具有丰厚的历史文化底蕴且享誉世界，对于区域的发展和文化传承都起着举足轻重的作用，但在保护基础上的创造创新能力不足，同时流域所涉及国家公众对水治理认知和参与方面的热情不太高。为此，选择历史水文化保护传承指数、现代水文化创造创新指数和公众水治理认知参与度等3个二级指标，表征水文化繁荣度。

综上，水安全、水资源、水环境、水生态、水文化五个维度指标细化为18个二级指标、6个三级指标。河流幸福指数指标体系框架见附表1。

附表 1　河流幸福指数指标体系

一级指标	二级指标	三级指标
水安澜保障度 F_1	指标 1：洪涝灾害人员死亡率	
	指标 2：洪涝灾害经济影响率	
	指标 3：洪涝灾害防御适应能力	
水资源支撑度 F_2	指标 4：人均水资源占有量	

续表

一级指标	二级指标	三级指标
水资源支撑度 F_2	指标 5：用水保障率	实际灌溉面积比例
	指标 6：水资源支撑高质量发展能力	水资源开发利用率
		单位用水量国内生产总值产出
	指标 7：居民生活幸福指数	人均国内生产总值（GPC）
		基尼（GINI）系数
		平均预期寿命（ALE）
水环境宜居度 F_3	指标 8：河流优良水质比例	
	指标 9：安全饮用水源的人口比例	
	指标 10：城市污水处理率	
	指标 11：滨水指数	
水生态健康度 F_4	指标 12：生态水文过程变异指数	
	指标 13：河流纵向连通性指数	
	指标 14：鱼类濒危程度指数	
	指标 15：输沙模数	
水文化繁荣度 F_5	指标 16：历史水文化保护传承指数	
	指标 17：现代水文化创造创新指数	
	指标 18：公众水治理认知参与度	

二、河流幸福指数计算方法

河流幸福指数根据水安全、水资源、水环境、水生态、水文化五个维度进行评价。

河流幸福指数计算公式：

$$\mathrm{RHI}=\sum_{i=1}^{5}F_i w_i^f \quad （附 1）$$

$$F_i=\sum_{j=1}^{J}S_{i,j}w_{i,j}^s \quad （附 2）$$

$$S_{i,j}=\sum_{k=1}^{K}T_{i,j,k}w_{i,j,k}^t \quad （附 3）$$

式中：RHI为河流幸福指数；F_i为第 i 个一级指标得分，i是一级指标下标，从1到5，分别表示水安澜保障度、水资源支撑度、水环境宜居度、水生态健康度、水文化繁荣度；w_i^f为第 i 个一级指标权重；$S_{i,j}$为第 i 个一级指标中第 j 个二级指标得分，j是二级指标下标，从1到J；$w_{i,j}^S$ 为第 i 个一

级指标中第 j 个二级指标权重；$T_{i,j,k}$ 为第 i 个一级指标中第 j 个二级指标的第 k 个三级指标得分，k 是三级指标下标，从1到 K；$w^{t}_{i,j,k}$ 为第 i 个一级指标中第 j 个二级指标的第 k 个三级指标权重。

采用专家综合评判法确定各指标权重。一级指标权重见附表2，二级指标权重见附表3。

附表 2 河流幸福指数一级指标权重

一级指标	权重
水安澜保障度 F_1	0.25
水资源支撑度 F_2	0.25
水环境宜居度 F_3	0.20
水生态健康度 F_4	0.20
水文化繁荣度 F_5	0.10

附表 3 河流幸福指数二级指标权重

一级指标	二级指标	权重
水安澜保障度 F_1	1. 洪涝灾害人员死亡率	0.30
	2. 洪涝灾害经济影响率	0.30
	3. 洪涝灾害防御适应能力	0.40
水资源支撑度 F_2	4. 人均水资源占有量	0.20
	5. 用水保障率	0.30
	6. 水资源支撑高质量发展能力	0.25
	7. 居民生活幸福指数	0.25
水环境宜居度 F_3	8. 河流优良水质比例	0.30
	9. 安全饮用水源的人口比例	0.30
	10. 城市污水处理率	0.20
	11. 滨水指数	0.20
水生态健康度 F_4	12. 生态水文过程变异指数	0.30
	13. 河流纵向连通性指数	0.25
	14. 鱼类濒危程度指数	0.20
	15. 输沙模数	0.25

续表

一级指标	二级指标	权重
水文化繁荣度 F_5	16. 历史水文化保护传承指数	0.40
	17. 现代水文化创造创新指数	0.30
	18. 公众水治理认知参与度	0.30

三、河流幸福指数评价标准

借鉴《世界幸福报告》及国民幸福划分标准，RHI从0到100分分为4个等级（见附表4）。河流幸福指数各级指标的评价等级参照附表4分级标准确定。

附表 4　河流幸福指数分级标准表

<table>
<tr><td>RHI</td><td colspan="3">等级</td></tr>
<tr><td>RHI ≥ 95 分</td><td colspan="3">很幸福</td></tr>
<tr><td>85 分≤ RHI ＜ 95 分</td><td colspan="3">幸福</td></tr>
<tr><td rowspan="3">60 分≤ RHI ＜ 85 分</td><td rowspan="3">一般</td><td>80 分≤ RHI ＜ 85 分</td><td>一般偏上</td></tr>
<tr><td>70 分≤ RHI ＜ 80 分</td><td>一般</td></tr>
<tr><td>60 分≤ RHI ＜ 70 分</td><td>一般偏下</td></tr>
<tr><td>RHI ＜ 60 分</td><td colspan="3">不幸福</td></tr>
</table>

四、河流幸福指数指标计算方法

河流幸福指数（RHI）由水安澜保障度、水资源支撑度、水环境宜居度、水生态健康度和水文化繁荣度等5个一级指标组成，权重依次为0.25、0.25、0.20、0.20和0.10。

（一）水安澜保障度CSP

水安澜保障度是一级指标，包括洪涝灾害人员死亡率、洪涝灾害经济影响率、洪涝灾害防御适应能力3个二级指标，权重分别为0.30、0.30和0.40。

指标1：洪涝灾害人员死亡率FMR

（1）概念。指流域内因洪涝灾害死亡人口数占当地人口密度的比例，即平均到流域单位面积上的死亡比例。

（2）指标值计算方法。FMR_0=流域范围内近10年各年度洪涝灾害人员死亡人口总数占当地最新统计人口密度比例。洪涝灾害人员死亡率=历年洪涝灾害死亡失踪总人口数（单位：人）/流域人口密度（单位：人/km^2）。

（3）指标赋分方法。采用聚类分析对洪涝灾害人员死亡率计算结果进行分类，以分类为对应分档，总分档不超过9档。此次计算15条河流，死亡率最高一档的亚马孙河、恒河为60分，死亡率最低一档的圣劳伦斯河、泰晤士河、伏尔加河为100分，按死亡率从低至高，每档减少5分。

（4）资料来源。世界卫生组织和比利时政府发布的全球自然灾害EM-DAT数据库、《中国水资源公报2020》、《中国水旱灾害公报》（2011—2018年）、《中国水旱灾害防御公报》（2019年、2020年）。

（5）指标计算详细说明。查阅《中国水旱灾害公报》（2011—2018年）、《中国水旱灾害防御公报》（2019年、2020年）等相关资料，对EM-DAT数据库中长江、黄河流域典型洪涝灾害数据进行修正。统计各流域近10年洪涝灾害人员死亡总数。以人员死亡总数除以流域最新统计人口密度得到洪涝灾害人员死亡率（见附表5）。

附表5 洪涝灾害人员死亡率赋分表

序号	流域	单位面积死亡失踪人员比例	分档	赋分
1	伏尔加河	0	一	100
2	泰晤士河	0.0035	一	100
3	圣劳伦斯河	0.2635	一	100
4	黄河	0.6751	二	95
5	科罗拉多河	0.9009	三	90
6	多瑙河	1.2168	三	90
7	莱茵河	1.3389	三	90
8	幼发拉底河	1.7492	三	90
9	长江	3.9125	四	85
10	密西西比河	7.7678	五	80
11	墨累－达令河	11.4803	五	80
12	尼罗河	23.4590	六	75
13	刚果河	29.7401	六	75
14	恒河	107.4624	七	60
15	亚马孙河	118.5495	七	60

指标2：洪涝灾害经济影响率EIR

（1）概念。指因洪涝灾害影响GDP占流域最新统计GDP的比例。

（2）指标值计算方法。EIR_0=流域范围内近10年各年度洪涝灾害影响GDP占最新统计GDP总量比例的平均值。洪涝灾害经济影响率=历年因洪涝灾害影响GDP（单位：万美元）/流域范围内最新GDP总量（单位：万美元）。

（3）指标赋分方法。采用聚类分析对洪涝灾害经济影响率计算结果进行分类，以分类为对应分档，总分档不超过9档。此次计算15条河流，以影响率最高一档亚马孙河为60分，影响率最低一档圣劳伦斯河、莱茵河、伏尔加河为100分，按影响率从低至高，每档减少5分。

（4）资料来源。世界卫生组织和比利时政府发布的全球自然灾害EM-DAT数据库、《中国水资源公报2020》、《中国水旱灾害公报》（2011—2018年）、《中国水旱灾害防御公报》（2019年、2020年）。

（5）指标计算详细说明。将影响GDP和总GDP转换为计算影响人口占流域总人口比例。同时根据《中国水旱灾害公报》（2011—2018年）、《中国水旱灾害防御公报》（2019年、2020年）对EM-DAT数据库中长江、黄河流域典型洪涝灾害影响人口总数和持续时间进行修正。以持续时间为权重计算加权后影响人口总数占流域总人口比例记为该流域洪涝灾害经济影响率（见附表6）。

附表6　洪涝灾害经济影响率赋分表

序号	河流	10年平均每年影响人口占流域总人口比例	分档	赋分
1	莱茵河	0	一	100
2	伏尔加河	0.0001	一	100
3	圣劳伦斯河	0.0002	一	100
4	泰晤士河	0.0003	二	95
5	幼发拉底河	0.0004	二	95
6	科罗拉多河	0.0016	三	90
7	密西西比河	0.0030	三	90
8	黄河	0.0059	四	85
9	多瑙河	0.0112	四	85
10	刚果河	0.0164	五	80
11	墨累－达令河	0.0243	五	80
12	长江	0.1433	六	75
13	尼罗河	0.2281	七	70
14	恒河	0.5478	八	65
15	亚马孙河	1.0773	九	60

指标3：洪涝灾害防御适应能力PAC

（1）概念。指流域防御和适应洪涝灾害的综合能力。

（2）指标值计算方法。采用流域所涉及国家的全球适应指数（Notre Dame Global Adaptation Index, ND-GAIN），按各国在该河流流域所占的面积比例作为权重进行加权平均。

（3）指标赋分方法。以每年各国ND-GAIN指数的最高值（2019年挪威最高76.2）为100分，最低值（乍得共和国28.4）为60分（基础分），根据各河流流域的指标计算值，按比例线性插值得到指标赋分。

（4）资料来源。美国圣母大学的全球适应指数(ND-GAIN)。该指数通过考虑食物、水、健康、生态系统、人居环境和基础设施等六个方面衡量脆弱性，经济机会、政府管理和社会结构三个方面衡量整体准备情况，从而反映各国应对气候变化造成的自然灾害的能力。参见圣母大学网络。

（5）指标计算详细说明。根据美国圣母大学最新发布的各国全球适应指数(ND-GAIN)，以流域内各国所占的面积比例为权重，求得流域的平均适应性指数，再按赋分方法获得洪涝灾害防御和适应能力得分。

（二）水资源支撑度RWR

水资源支撑度是一级指标，包括人均水资源占有量、用水保障率、水资源支撑高质量发展能力和居民生活幸福指数等4个二级指标，权重依次为0.20、0.30、0.25和0.25。

指标4：人均水资源占有量AWP

（1）概念。指流域/区域人口平均占有的水资源量。

（2）指标值计算方法。AWP = 水资源总量/总人口。

（3）指标赋分方法。根据人均水资源占有量赋分标准表（见附表7）进行赋分。

附表 7　人均水资源占有量赋分标准表

人均水资源占有量 /m³	10000	1700	1000	500	0
赋分	100	80	60	40	0

（4）资料来源。世界银行数据库。

（5）指标计算详细说明。各国水资源总量（Renewable internal freshwater resources）采用世界银行数据（2017年），其中埃及数据由于世界银行数据库缺，通过查阅相关文献确定。国家人口采用2020年世界银行人口数据。流域水资源总量根据各国水资源总量数据，按照降水量的空间分布分析获得；流域总人口根据各国人口数据，按照人口密度分布情况分析获得。

指标5：用水保障率WSR

用水保障率是二级指标，采用实际灌溉面积比例RIA（Rate of Actual Irrigated Areas，三级指标）表征。

（1）概念。表征实际耕地灌溉保障程度，根据耕地实际灌溉面积与有效灌溉面积的比值计算。

（2）指标值计算方法。RIA_0=耕地实际灌溉面积/有效灌溉面积×100%。

（3）指标赋分方法。$RIA = RIA_0 \times 100$。

（4）资料来源。联合国粮食及农业组织网站、世界银行数据库。

（5）指标计算详细说明。优先采用联合国粮食及农业组织公布的国家耕地实际灌溉面积（agriculture area actually irrigated）和有效灌溉面积（land area equipped for irrigation）数据，缺失的国家数据采用2019年世界银行数据；对于仍有缺失的数据，采用相邻国家或地区的数据，或采用降水量及农业生产水平相近国家的数据进行分析获得。

指标6：水资源支撑高质量发展能力CSD

水资源支撑高质量发展能力是二级指标，包括水资源开发利用率和单位用水量国内生产总值产出2个三级指标，权重依次为0.48和0.52。

1. 水资源开发利用率WUR

（1）概念。表征水资源开发利用程度，根据用水总量与水资源总量比值计算。

（2）指标值计算方法。WUR＝用水总量/水资源总量×100%。

（3）指标赋分方法。参照《中国河湖幸福指数报告》，降水量大于等于800mm的流域，参考中国南方地区赋分标准（见附表8）对WUR进行赋分；降水量小于800mm的流域，参考中国北方地区赋分标准对WUR进行赋分。

附表 8　水资源开发利用率赋分标准表

水资源开发利用率 /%	北方地区	≤ 40	50	67	75	≥ 90
	南方地区	≤ 20	30	40	50	≥ 60
赋分		100	80	60	40	0

（4）资料来源。世界银行数据库。

（5）指标计算详细说明。各国水资源总量（renewable internal freshwater resources）与用水总量（annual freshwater withdrawals）均采取世界银行数据库（2017年）。流域水资源总量根据各国水资源总量数据，按照降水量的空间分布分析获得；流域用水总量根据各国用水总量数据，并参考人口密度分布和灌溉面积的分布情况分析获得。

2. 单位用水量国内生产总值产出GOW

（1）概念。表征水资源集约利用水平，根据国内生产总值（GDP）与用水总量比值计算。

（2）指标值计算方法。GOW_0＝10000/万元地区生产总值用水量。

（3）指标赋分方法。$GOW = GOW_0$/基准值×100；若GOW≥100，计100分。其中，基准值取高收入国家用水水平中位数万美元用水量130m^3，折合单方水GDP产出73.78美元。

（4）资料来源。世界银行数据库。

（5）指标计算详细说明。采用世界银行2020年各国GDP数据。流域GDP根据各国GDP数据，并参考人口密度分布情况分析获得。

指标7：居民生活幸福指数LSI

居民生活幸福指数是二级指标，包括人均国内生产总值、基尼系数和平均预期寿命等3个三级指标，权重依次为0.32、0.36和0.32。

1. 人均国内生产总值GPC

（1）概念。指一定时期内按常住人口平均计算的GDP。

（2）指标值计算方法。GPC_0＝GDP/人口。

（3）指标赋分方法。$GPC=GPC_0$ /基准值×100；若GPC≥100，计100分。其中，基准值取高收入国家较低水平2万美元。

（4）资料来源。世界银行数据库。

（5）指标计算详细说明。各国GDP采用世界银行2020年数据。流域GDP根据各国GDP数据，并参考人口密度分布情况分析获得。

2. 基尼系数GINI

（1）概念。表征社会分配公平程度的指标，国际上通用的、用以衡量一个国家或地区居民收入差距的常用指标。

（2）指标值计算方法。

$$GINI=\frac{\sum CAP_i \times GINI_i}{\sum CAP_i}$$

式中：GINI为流域基尼系数；$GINI_i$为流域内i国的基尼系数；CAP_i为流域内i国的人口。

（3）指标赋分方法。根据联合国开发计划署等组织规定，GINI≥0.6，得0分；GINI≤0.2，得100分；GINI介于0.2~0.6之间的，内插获得。

（4）资料来源。世界银行数据库。

（5）指标计算详细说明。采用世界银行发布的GINI系数数据，由于世界银行每年仅更新部分国家数据，选择涉及国家发布最新年份的数据。对于部分未发布数据的国家不参与计算。

3. 平均预期寿命ALE

（1）概念。指一个人口群体从出生起平均能存活的年龄（岁）。平均预期寿命是根据分年龄死亡率，通过编制生命表得到的。由于需要分年龄死亡数据，为了保证分年龄死亡数据的代表性，必须从规模较大的调查中获得死亡数据。

（2）指标值计算方法。

$$ALE_0=\frac{\sum ALE_i \times CAP_i}{\sum CAP_i}$$

式中：ALE_0为流域人口平均预期寿命；ALE_i为i国人口平均预期寿命；CAP_i为流域内i国的人口。

（3）指标赋分方法。ALE= ALE_0/基准值×100；若ALE≥100，取100分。其中，基准值取高收入国家中位数81岁。

（4）资料来源。世界银行数据库。

（5）指标计算详细说明。各国平均预期寿命采用2019年世界银行数据。

（三）水环境宜居度LWE

水环境宜居度是一级指标，包括河流优良水质比例、安全饮用水源的人口比例、城市污水处理率和滨水指数等4个二级指标，权重分别为0.30、0.30、0.20和0.20。

指标8：河流优良水质比例PGW

（1）概念。指根据各流域水质监测现状及水质目标值，水质优良的水体占整个流域的比例。

（2）指标值计算方法。

$$PGW_0=\frac{GW}{TW}$$

式中：GW为水质优良的水体数量；TW为水体总数量。

（3）指标赋分方法。$PGW=PGW_0\times 100$。

（4）资料来源。《中国河湖幸福指数报告2020》；联合国可持续发展目标6.3.2子目标；

欧盟环境署及欧盟水资源评价报告；美国地质调查局水质监测数据；国际水资源和全球变化中心水质监测指标展示平台；美国水质监测委员会数据；所属流域官方公布报告；相关文献调研。

（5）指标计算详细说明。考虑世界范围内各个流域水质监测条件、历史数据质量、水质达标标准等存在明显差异，综合采用了文献调研法、WQI水质评定法、优良水质比例权重计算法等，基于各个流域的数据基础、评价方法、水质标准，逐一计算各个流域的优良水质比例。

指标9：安全饮用水源的人口比例PSD

（1）概念。指流域内能够获得安全饮用水的人口与流域内总人口的比例。

（2）指标值计算方法。PSD_0=能够获得安全饮用水的人口/总人口×100%。

（3）指标赋分方法。$PSD = PSD_0 \times 100$。

（4）资料来源。安全饮用水源的人口比例依据联合国可持续发展目标6（SDG6）、《中国河湖幸福指数报告2020》等。

指标10：城市污水处理率WTR

（1）概念。指经城市污水处理厂处理后达标排放的生活污水量占城市生活污水排放量的比例。

（2）指标值计算方法。WTR_0=经城市污水处理厂处理后达标排放的生活污水量/城市生活污水排放量×100%。

（3）指标赋分方法。$WTR=WTR_0 \times 100$。

（4）指标来源。城市污水处理率依据世界经合组织统计局、联合国统计局、欧盟统计局等相关资料。

指标11：滨水指数WFI

（1）概念。指流域内城市滨水区域面积占城市建设区总面积的比例。

（2）指标计算方法。

$$WFI=\frac{WFA}{TAC}\times 100\%$$

式中：WFA为滨水区域面积，km^2；TAC为城市建设区总面积，km^2。

（3）指标赋分方法。滨水指数WFI根据附表9进行赋分。

附表9　滨水指数赋分

滨水指数	赋分
23	100
5	80
1	60
0.5	40
0.1	20
0	0

（4）资料来源。城镇建设区总面积采用美国国家大气和海洋管理局数据库、Open Street Map数据库、Google Earth Engine数据库等计算获得。

（四）水生态健康度HAE

水生态健康度是一级指标，包括生态水文过程变异指数、河流纵向连通性指数、鱼类濒危程度指数和输沙模数等4个二级指标，权重依次为0.30、0.25、0.20和0.25。

指标12：生态水文过程变异指数VIH

（1）概念。生态水文过程变异指数，综合反映流域陆域下垫面土地覆盖变化和闸坝径流调节扰动影响，确定流域受干扰等级，最终通过干流水文累积频率曲线对应P=50%径流量扰动前后的变异程度表征。

（2）指标值计算方法。在流域生态水文（陆域下垫面变化及闸坝径流调节扰动影响情况）受干扰等级的判定基础上，根据对应受干扰等级条件下河流P=50%的径流量变化比例计算得到。该指标计算具体方法说明如下：

1）流域生态水文受干扰等级的判定。流域生态水文受干扰的等级，按照流域的陆域土地覆盖变化和河流闸坝径流调节扰动影响情况进行综合判定。

a.陆域下垫面变化情况。在流域土地覆盖变化方面，采用流域内人造地表（耕地、建设用地等）面积比例来表征流域内人为活动对于流域下垫面的扰动情况，其计算公式如下：

$$RCB=\frac{\sum CA+\sum BA}{\sum LC}\times 100$$

式中：RCB为流域内耕地和建设用地面积比例；CA为流域内耕地总面积；BA为流域内建设用地总面积；LC为流域总面积（流域全部土地覆盖面积）。

b.河流闸坝径流调节扰动影响情况。在河流闸坝径流调控影响情况，采用了Grill G.等2019年在《自然》发表文章中的调节度指标（DOR，Degree of regulation）[1]。其计算公式如下：

$$\mathrm{DOR}=\frac{\sum_{i=1}^{n} svol_i}{d_{\mathrm{vol}}}\times 100$$

式中：DOR为径流调节度；$svol_i$为水库年蓄水量；d_{vol}为河流年均天然径流量。

c.流域受干扰等级的综合判定。流域河流扰动等级共划分为6级，其生态水文受不同等级干扰下的生态状况特征具体见附表10。通过全球水资源区的陆域下垫面人造地表（耕地、建设用地等）面积比例变化情况总体研究和分析，给出评价河流陆域下垫面变化的干扰等级（L_{RCB}），结合各水资源区闸坝调节扰动的空间累积扰动干扰的等级分析（L_{DOR}），按照二者取最大扰动的原则，综合判定流域受到的干扰等级（LOD），判定公式如下：

$$\mathrm{LOD}=\max\{L_{\mathrm{RCB}},L_{\mathrm{DOR}}\}$$

式中：LOD为流域受到的干扰等级；L_{RCB}为流域内陆域下垫面变化的干扰等级；L_{DOR}为流域内闸坝径流调节影响的干扰等级。

附表 10 流域生态水文受干扰等级及对应生态状况

干扰等级	生态状况
A 自然状态	自然河流，河流和沿岸栖息地仅有微小改变
B 轻度干扰	轻微改变的河流，有水资源开发和利用，但生物多样性和栖息地完整
C 中度改造	生物的栖息地和活动受到干扰，基本生态系统功能完好，一些敏感物种在一定程度上丧失或减少，有外来物种存在

[1] Grill G, Lehner B, Thieme M, et al. Mapping the world's free-flowing rivers. Nature, 2019, 569: 215-221.

续表

干扰等级	生态状况
D 重度改造	自然栖息地、生物种群和基本生态系统功能有巨大变化，物种丰富度明显降低，外来物种占优势
E 重大改变	栖息地多样性和可用性下降，物种丰富度明显降低，只有耐受的物种才能保留，植被不能繁殖，外来物种入侵
F 不可逆状态	生态系统已经完全改变，几乎完全丧失自然栖息地和生物种群，基本的生态系统功能已被破坏，变化不可逆转

注　考虑到所评价的流域及河流均不属于完全的自然状态（A）和已具呈现不可逆状态（F）的情形，故在评价过程中去除了上述两种极端状态。

2）生态水文过程变异指数计算。根据流域生态水文受干扰等级的判定结果，依据流量时间序列数据（见美国新罕布什尔州立大学的水系统分析组网站），确定评价河流自然状态和对应受干扰等级的水文累积频率曲线，通过径流量变化占天然径流量的比例进行生态水文变异程度的计算，指标计算公式如下：

$$\mathrm{RVI}_0=\frac{R_i-R_j}{R_j}\times 100\%$$

式中：RVI_0为流域生态水文过程变异指数；R_i为流域内河流自然状态下P=50%的径流量；R_j为流域内河流对应受干扰等级条件下P=50%的径流量。

详见：Global environmental flow information for the sustainable development goals. Colombo, Sri Lanka: International Water Management Institute (IWMI). 37p. (IWMI Research Report 168)。

（3）指标赋分方法。$\mathrm{RVI}=(1-\mathrm{RVI}_0)\times 100$。

（4）资料来源。流域耕地、建设用地面积数据来自于欧洲太空局2020年10m全球土地覆盖数据集；流域内大坝数量、库容及工程调节程度（DOR）数据来自于全球水库和大坝数据库及Grill G.的《自然》文献数据库；水文径流数据来自于国际水管理学院的公开数据，其中流量时间序列的全球数据库，空间分辨率为0.5度×0.5度，来自新罕布什尔大学水系统分析组。

指标13：河流纵向连通性指数LCI

（1）概念。采用河流水系纵向上被闸坝等障碍物分割的破碎度指示纵向连通性状况，水系破碎度越高连通性越低。

（2）指标值计算方法。将主要河流水系划分成多个河段，以河段级别和长度为权重（见附表11），加权得出整个河流水系破碎度DOF（Degree of Fragmentation）值。公式如下：

$$\mathrm{DOF}=\sum_{i=1}^{G} w_i\times \mathrm{DOF} \qquad (1)$$

$$\mathrm{DOF}_i=\sum_{j=1}^{N}\frac{L_j\times \mathrm{DOF}_j}{L_i} \qquad (2)$$

$$\mathrm{DOF}_j=\frac{\left|\lg d_{\mathrm{bloc}}-\lg d_j\right|}{\lg d_{\mathrm{r}}}\times 100\% \qquad (3)$$

式中：DOF为河流水系破碎度，考虑所有河流级别；DOF_i为所有i级别河段的破碎度，级别i划分来自文献数据库BB_DIS_ORD属性；w_i为i级别河段的权重，每个级别河段的权重计算方法见附表11；DOF_j为河段j的破碎度；L_j为河段j长度，km；L_i为所有i级别河段的总长度，km；d_j

为河段j的天然平均流量；d_{bloc}为河段j的实测平均流量；d_r为预计不产生破碎的最大流量倍数范围，根据相关文献，取数值为5。

附表 11 每条河流 w_i 计算方法（以 10 级河流举例，其中 1 级为干流）

河段级别	重要值	重要值加和	权重
1	3	14	3/14
2	2		2/14
3	2		2/14
4	1		1/14
5	1		1/14
6	1		1/14
7	1		1/14
8	1		1/14
9	1		1/14
10	1		1/14

DOF_j计算过程和河流等级详细说明见文献*Mapping the world's free-flowing rivers*。

（3）赋分方法。LCI=（1−DOF）×100。

（4）资料来源。依据G.Grill发表在《自然》的文献*Mapping the world's free-flowing rivers*中河流水系破碎度指数（DOF），并稍作修改。

指标14：鱼类濒危程度指数FEI

（1）概念。指流域内濒危鱼类种类与鱼类总种类数量的比值，用来表征自然和人类活动对鱼类的影响程度。

（2）指标值计算方法。

$$鱼类濒危指数=F_j/F_i$$

式中：F_j表示濒危鱼类数量；F_i为鱼类种类数量。

（3）赋分方法。依据鱼类濒危指数计算值，采用附表12中指标赋分阈值进行线性插值后，得到鱼类濒危指数的赋分值。

附表 12 鱼类濒危程度指数赋分值表

鱼类濒危程度指数	1	0.75	0.50	0.40	0.25	0.15	0
指标赋分	0	10	30	40	60	80	100

（4）资料来源。主要来源于鱼类数据库（fishbase）、科研报告、期刊论文及《世界濒危动物红皮书》（IUCN）。

指标15：输沙模数STM

（1）概念。指某一时段内流域输沙量与相应集水面积的比值。输沙模数是表示流域侵蚀产沙强度的指标之一，是流域内地貌、地面组成物质、气候、植被覆盖度以及人类活动对泥沙综合影响的结果和反映，是研究流域侵蚀产沙规律，进行水土保持规划、水利工程设计等的最基本依据。

（2）指标值计算方法。

$$M=\frac{S}{A}$$

式中：S为流域（断面）年输沙量，t/a；A为流域（集水）面积，km^2；M为输沙模数，t/（$km^2\cdot a$）。

（3）指标赋分方法。由于流域（集水）面积是固定不变的，因此该指标可进一步简化为流域（断面）输沙量W_S。

设某条河流多年平均输沙量为W_{Sl}，近5年的平均输沙量为W_{S5}，近5年均值与多年均值的相对偏差ΔW_S可表示为

$$\Delta W_S=\frac{W_{S5}-W_{Sl}}{W_{Sl}}\times 100$$

（4）资料来源。泥沙中心数据库；相关文献调研数据；中国电建集团成都勘测设计院有限公司数据；USGS官网；国际泥沙研究培训中心数据库；《中国河流泥沙公报》等。

（5）指标计算详细说明。

1）当W_s=0.0，该指标赋80分；当W_s≥100.0，该指标赋50分；当W_s=−70.0，该指标赋100分；当W_s=−100.0，该指标赋80分。

2）当W_s为其他值时，按照上述分值区间通过线性插值赋分。

基于典型河流的输沙量资料，根据上述给出的指标计算方法和赋分原则，计算得到的包括尼罗河等15条河流的分值，见附表13。

附表 13　河流输沙模数计算参数

流域名称	面积 / 万 km^2	多年平均输沙量 / 亿 t	输沙模数 / [t/(km^2·a)]	近 5 年输沙量 / 亿 t	近 5 年输沙模数 [t/(km^2·a)]	相对误差 /%	分数
尼罗河	309	1.07	34.63	1.17	38	9	77.30
长江	180	3.51	195.00	1.22	68	−65	98.57
黄河	75	9.21	1228.00	2.04	272	−78	94.67
恒河	176	1.8	102.27	1.57	89	−13	83.71
亚马孙河	597	9.2	154.10	8.11	136	−12	83.43
密西西比河	373	1	26.81	0.93	25	−7	82.00
多瑙河	74.5	0.14	18.79	0.16	21	14	75.80
莱茵河	16	0.01	6.25	0.008	5	−20	85.71
刚果河	350	0.43	12.29	0.32	9	−26	87.43
墨累－达令河	103	0.3	29.13	0.03	3	−90	86.67
圣劳伦斯河	111	4	360.36	6.5	586	63	61.10
伏尔加河	136	0.26	19.12	0.09	7	−65	98.57
泰晤士河	1.3	0.0048	36.92	0.0049	38	2	79.40
幼发拉底河	76.6	0.66	86.16	0.34	44	−48	93.71
科罗拉多河	65	0.46	70.77	0.14	22	−70	100.00

（五）水文化繁荣度PWC

水文化繁荣度是一级指标，包括历史水文化保护传承指数、现代水文化创造创新指数和公众水治理认知参与度等3个二级指标，权重分别为0.40、0.30和0.30。

指标16：历史水文化保护传承指数CPI

历史水文化保护传承指数是二级指标。

（1）概念。每个流域范围内列入世界级遗产名录的数量，世界级遗产包括世界文化遗产、世界非物质文化遗产、全球重要农业遗产和世界灌溉工程遗产等。

（2）指标计算方法。

$$CPI_j = \sum_{i=1}^{4} HN_{i,j}$$

式中：CPI_j为第j个流域的世界灌溉工程遗产分值；HN_i为第i类型遗产的数量。

（3）指标赋分方法。$0 \leqslant CPI_0 \leqslant 10$，CPI赋66分（考虑到所选流域在文化遗产保护传承等方面都有较高知名度，赋初始值为66分）；$10 < CPI_0 \leqslant 40$, CPI按线性插值赋分; $CPI_0 > 40$，CPI赋100分，见附表14。

附表 14　历史水文化保护传承指数赋分标准表

序号	遗产数量累计	对应分值
1	≤ 10	66.0
2	≤ 20	77.3
3	≤ 30	88.7
4	≥ 40	100

（4）资料来源。世界粮农组织、联合国教科文组织和世界灌溉排水委员会列入世界级文化遗产、非物质文化遗产、全球重要农业遗产和世界灌溉工程遗产等相关遗产名录的数量，详见附表15。

附表 15　相关遗产资料来源

序号	国际组织	遗产名称
1	联合国教科文组织（UNESCO）	世界文化遗产 世界非物质文化遗产
2	世界粮农组织（FAO）	全球重要农业遗产
3	世界灌溉排水委员会（ICID）	世界灌溉工程遗产

指标17：现代水文化创造创新指数MCI

（1）概念。指与古代水文化具有继承和发展关系的现代江河保护治理创新力和现代水文化品牌创造力，其特征是现代人们创造的新的人水和谐、可持续发展的水文化成果。以每个流域发表在顶级水利国际期刊的论文数量来表征。

（2）指标计算方法。

$$MCI_j = \sum_{i=1}^{n} P_{i,j} / 10000$$

式中：MCI_j为第j个流域发表论文的总数，以万篇计；P_i为第i类期刊的论文发表数量。

（3）指标赋分方法。$0 \leqslant MCI_0 \leqslant 1$，MCI赋60分；$1 < MCI_0 \leqslant 9$, MCI按线性插值赋分;$MCI_0 > 9$，MCI赋100分，见附表16。

附表 16　现代水文化创造创新指数赋分标准表

序号	论文数量 / 万篇	对应分值
1	≤ 1	60.0
2	≤ 2	64.4
3	≤ 3	68.9
4	≤ 4	73.3

续表

序号	论文数量 / 万篇	对应分值
5	≤ 5	77.8
6	≤ 6	82.2
7	≤ 7	86.7
8	≤ 8	91.1
9	≤ 9	95.6
10	＞9	100

（4）资料来源。水利行业影响力较高的国际期刊，见附表17。

附表 17　国际期刊资料来源

序号	国际组织	期刊名称
1	美国土木工程师学会（ASCE）	Journal of Hydraulic Engineering Journal of Engineering Mechanics
2	环境学全文数据库（EBSCO）	
3	国际水利与环境工程学会(IAHR）	Journal of Hydraulic Research
4	约翰威立数据库（Wiley）	River Research and Applications Earth Surface Processes and Landforms
5	爱思唯尔数据库（Elsevier）	Advances in Water Resources
6	英国剑桥大学（Cambridge）	Journal of Fluid Mechanics
7	美国地球物理学会（AGU）	Water Resources Research
8	英国土木工程师协会（ICE UK）	Water Management

指标18：公众水治理认知参与度PAG

（1）概念。指公众对水利科普、水利建设、水利监督等活动开展情况的认识参与程度。

（2）指标赋分方法。根据联合国可持续发展目标6.5.1子目标水利科普、水利建设、水利监督等活动开展情况，对世界各国水治理公众参与度的评价资料，本次评价参考河流所在国家SDG评分以及咨询专家评分，综合给出该流域的公众水治理参与度评分，满分为100分。

（3）资料来源。联合国可持续发展目标6.5.1子目标，包括：①6.5.1子目标中2.1.c 国家层面公众参与度；② 6.5.1子目标中2.2.b 地方层面公众参与度；③专家打分。